围产期奶牛
及其犊牛后肠道菌群研究

曲永利 朱焕 著

中国农业出版社
北 京

著 者 简 介

曲永利，男，博士，黑龙江八一农垦大学教授，博士研究生导师，美国康奈尔大学访问学者，全国奶牛遗传改良专业委员会委员，中国畜牧兽医学会养牛学分会常务理事，黑龙江畜牧兽医学会常务理事，黑龙江省奶牛饲草饲料创新体系主任委员，主要从事奶牛营养与饲料科学等方面的研究。主持研究国家、省部、厅级课题20余项。出版专著3部，发表科研论文110余篇，其中被SCI检索11篇，EI 1篇，获得发明专利2项，制定黑龙江省地方标准2项。获黑龙江省科技进步奖一等奖1项、二等奖1项、三等奖3项，黑龙江省级教学成果二等奖3项，目前已培养博士研究生4名，硕士研究生45名。

朱焕，女，博士，黑龙江八一农垦大学副教授，硕士研究生导师。研究方向：反刍动物营养与饲料科学，微分方程动力学。主持省级课题1项，厅局级课题2项，以第1参加人参与国家自然基金1项，出版专著2部，发表科研论文10余篇，其中SCI检索3篇，获得软件著作权1项。

受资助课题名称

本著作完成受国家自然基金面上项目"基于时序网络动力学的围产期奶牛与犊牛肠道菌群稳态变化、定植及垂直传递特征的分析(32072758)"、黑龙江省"百千万"工程科技重大专项"安全高效全价配合饲料及专用型添加剂的研发与应用示范（2021ZX12B03)"和黑龙江省"揭榜挂帅"科技攻关项目"寒区奶牛精准营养与生物安全控制关键研发与应用（2023ZXJ02B03)"的资助。

前言

本著作共包括两部分内容，第一部分主要阐述了围产期奶牛后肠道菌群和乳汁菌群的时序变化特征，确定了与奶牛血液指标相关联的潜在标志菌群以及初产奶牛、经奶奶牛在泌乳初期乳汁菌群中与乳成分相关联的特异菌群，其研究成果可为未来合理利用相关菌群改善围产期奶牛健康水平及开发益生菌制剂、促进奶牛产出高附加值生鲜乳奠定理论基础。第二部分主要研究了犊牛出生前胎盘、脐带、羊水、初乳和母牛后肠道对犊牛胎粪菌群的定植贡献，以及犊牛出生后口腔菌群和后肠道菌群的时序变化特征，确定了母源传递过程中的关键菌属以及与犊牛免疫指标相关联的潜在标志菌群，其研究成果可为未来合理利用相关菌群提高新生犊牛免疫功能提供理论依据。

本著作为国家自然基金项目的研究内容，共计两章，涉及奶牛生物化学、生理学、微生物学、生物数学等多门学科知识，所有研究内容均来自著者研究团队博士和硕士研究论文，既有前瞻性，可引导学术研究，又有实用性，指导现代奶牛生产实践，具有较高的学术价值和应用价值，同时，通过本著作也向著者研究团队辛苦的研究工作表示感谢。

本著作共计20万字，其中曲永利负责第一章第二节、第二章第三节，共计10万字；朱焕负责第一章第一节、第二章第一节和第二节，共计10万字。

本著作适合作为高等院校有关专业本科生、硕博研究生和科研工作者的教学科研参考书。随着科技的进步和奶犊牛饲喂体系的发展,该书有关内容也应适时修订,并使其不断更新、丰富和完善。

因作者水平有限,书中不妥之处在所难免,敬请读者斧正。

著 者

2024 年 2 月于大庆

目录

前言

第一章 围产期奶牛后肠道菌群与乳汁菌群多样性时序特征 / 1

第一节 围产期奶牛后肠道菌群多样性时序特征 / 3
一、围产期奶牛后肠道菌群多样性的研究意义 / 3
二、围产期奶牛后肠道菌群时序多样性分析 / 8
三、围产期奶牛与血液指标相关联标志菌群的时序分析 / 25
四、结论 / 41

第二节 泌乳初期奶牛乳汁菌群多样性时序特征 / 43
一、泌乳初期奶牛乳汁菌群多样性的研究意义 / 43
二、泌乳初期奶牛乳汁菌群时序多样性分析 / 49

主要参考文献 / 93

第二章 犊牛后肠道菌群母源传递特征和时序分析 / 107

第一节 新生犊牛后肠道菌群母源传递特征 / 109
一、新生犊牛后肠道菌群母源传递特征的研究意义 / 109
二、新生犊牛后肠道微生物母源传递特征 / 111
三、讨论 / 129
四、结论 / 134

第二节　新生犊牛后肠道菌群多样性时序特征　/ 135
　　一、新生犊牛后肠道菌群多样性的研究意义　/ 135
　　二、新生犊牛后肠道菌群时序多样性分析　/ 139
　　三、新生犊牛与免疫指标相关联标志菌群的时序分析　/ 158
　　四、新生犊牛后肠道菌群 GLV 生态模型的建立　/ 176
　　五、结论　/ 186

第三节　新生犊牛口腔菌群多样性时序特征　/ 188
　　一、新生犊牛口腔菌群多样性的研究意义　/ 188
　　二、新生犊牛口腔菌群多样性时序特征　/ 189
　　三、讨论　/ 197
　　四、结论　/ 198
　　主要参考文献　/ 199

附录　/ 212

致谢　/ 216

第一章 围产期奶牛后肠道菌群与乳汁菌群多样性时序特征

扫码看本章彩图

第一节　围产期奶牛后肠道菌群多样性时序特征

一、围产期奶牛后肠道菌群多样性的研究意义

奶牛作为反刍动物，可以利用单胃动物难降解的粗纤维物质并经过生理代谢将其转化为人类可以利用的奶、肉等动物性蛋白。执行这一重要生理过程离不开定植于奶牛肠道中的丰富菌群的辅助，它们与宿主进行着密切的物质与能量交换，彼此相互传递信息，帮助奶牛消化纤维素、半纤维素与木质素等难以消化的粗纤维，使得大量的植物纤维成为奶牛生命活动所需的重要能量来源，同时还具备分解宿主代谢过程中所产生的毒素的能力。奶牛肠道菌群在宿主生理能量代谢和免疫系统调节机制中承担着至关重要的作用，合理的肠道菌群可以明显地改善奶牛的生理健康水平，提高能量利用率。

已有研究表明，母体肠道微生物在妊娠期发生了剧烈的变化，与妊娠早期相比，妊娠后期肠道菌群具有促进宿主脂肪沉积及提高胰岛素耐受的功能，暗示肠道微生物参与了母体妊娠期的代谢变化。另外，母体妊娠期肠道微生物还参与了子代免疫系统的发育与成熟。无菌小鼠试验表明，母体妊娠期内短时间定植微生物，可以促进后代小鼠肠道先天性免疫系统的发育，降低炎症反应的发生，且这种影响是经由微生物分子以及代谢产物传递给后代。还有研究表明，母体肠道微生物发酵产生的短链脂肪酸也可以传递给子代并且促进子代免疫系统的成熟与发育。泌乳期内，母体肠道微生物可以通过垂直传递的方法，

经过母乳途径传递给子代并影响子代免疫系统发育。综上所述，研究母体肠道菌群结构在生殖周期内的变化，了解肠道微生物在妊娠与泌乳期内母体代谢免疫变化中的作用，对促进母体妊娠与泌乳的顺利进行及其子代的健康发育至关重要。

（一）妊娠期肠道菌群变化规律研究进展

关于妊娠期肠道菌群变化的研究主要集中在人类研究方面，目前研究报道，健康妊娠期肠道微生物群从妊娠的第一个月到第三个月发生了巨大变化。特定菌群与妊娠代谢变量之间存在许多相关性，如柯林斯菌属（*Collinsella*）和布劳特菌属（*Blautia*）与胰岛素水平、粪杆菌属（*Faecalibacterium*）与空腹血糖水平、萨特氏菌属（*Sutterella*）与C反应蛋白水平、粪球菌属（*Coprococcus*）和瘤胃球菌科（*Ruminococcaceae*）与胃肠道多肽均显著相关，而空腹血糖与妊娠诱导的胰岛素抵抗可能有助于妊娠期糖尿病（GDM）的发生。Scott等研究发现，母体肠道微生物群从妊娠的前三个月到最后一个月发生了变化，产生丁酸盐的细菌数量减少了，产乳酸的细菌数量增加了。这些研究表明，在妊娠期间母体肠道菌群发生了变化，肠道菌群可能在妊娠期炎症增加中起重要作用，因此可能有助于GDM的发展。此外，GDM患者的菌群可以传递给子代，子代出生前通过与GDM相关的特定分类群进行定植。

随着高通量测序技术的发展，研究人员开始利用其分析不同状况下反刍动物肠道菌群的多样性。Huang等检测了连续3d内5头泌乳奶牛瘤胃液和粪便中的微生物群，在门和属水平上多样性和丰度没有发现显著差异，发现泌乳奶牛在健康时肠道中存在两个相对独立、稳定的微生物群落，这与Skarlupka等的研究结果相同。Mao等分析了6头泌乳奶牛胃肠道不同部位的细菌群落，发现前胃、小肠、大肠、直肠等部位微生物群落物种多样性与丰度均存在显著差异。Xu等的研究发现，泌乳高峰期奶牛与非高峰期在门水平上肠道菌群多样性表现出相同结果，但在属水平上存在显著差异。

（二）肠道菌群与血液指标相关联研究进展

奶牛分娩后产奶量迅速增加，经一个月左右可进入高峰，但是采食高峰通常出现在产后 70d 左右，泌乳能量需求与采食量严重不足导致奶牛出现能量负平衡（NEB）状态，引发脂肪动员程度增加，生成大量游离脂肪酸（NEFA）。NEFA 在肝脏中不完全的氧化会导致 β-羟丁酸（BHBA）等酮体增加并释放到血液中，当血液中 BHBA 的含量高于 1.2mmol/L 时，奶牛便被确诊为酮病。除了 NEB 以外，葡萄糖、蛋白质负平衡状态也是围产期奶牛常会出现的状况。在围产期，奶牛对葡萄糖的需求会随着合成乳糖而大量增加。有研究表明，在过渡期和泌乳早期，奶牛内脏的葡萄糖净通量为零甚至为负值，而血糖含量低，就会刺激体内脂肪组织分解脂肪，加剧脂肪肝的形成，与此同时大量脂肪蓄积在肝脏内又会抑制葡萄糖合成，这也是酮病、脂肪肝等疾病在围产期高发的原因。

奶牛的后肠道中常驻细菌、真菌和原生动物等微生物群，富含纤维素酶、蛋白酶、脱氨酶和脲酶等活性酶，还包括挥发性脂肪酸、氨氮等发酵产物。Daghio 等研究了瘤胃微生物群、瘤胃液体脂质成分（RL）与两种肉牛生长性能之间的相关性，通过 16S rRNA 高通量测序来表征细菌群落组成，得出肠道中丝状杆菌属（*Fibrobacter*）、解琥珀酸菌属（*Succiniclasticum*）、*Rikenellaceae*_RC9 菌属等菌群与生长性能呈正相关，这些菌群可以参与短链脂肪酸的生成，降低甲烷产生率。Mao 等以荷斯坦奶牛为对象，对粪便中的微生物进行 16S rRNA 高通量测序，分析了挥发性脂肪酸与粪便中微生物群落结构的差异，得出寡养单胞菌属（*Stenotrophomonas*）与醋酸盐、丙酸盐和总挥发性脂肪酸水平之间存在显著的正相关，*Thalassospira*、螺旋菌属（*Spirochaeta*）、赖氨酸芽孢杆菌属（*Lysinibacillus*）和 *Papillibacter* 等菌属分别与丙酸盐、丁酸盐和总挥发性脂肪酸呈负相关。

人医对肠道微生物群与代谢物间的关联更是得出了很多有价值的结果。拟杆菌属（*Bacteroides*）、梭杆菌属（*Fusobacterium*）、粪肠球菌属（*Enterococcus faecalis*）和鼠李糖乳杆菌属（*Lactobacillus rhamnosus*）等已被证明可在各种多胺的产生中发挥重要作用。还有研究表明梭菌属（*Clostridium*）和粪杆菌（*Faecalibacterium*）是典型短链脂肪酸的产生菌和免疫调节剂。Bacteroides 门中的 *Alloprovettella* 种可产生适量的乙酸和大量的琥珀酸作为发酵的最终产物。目前认为另枝菌属（*Alistipes*）是一种产生短链脂肪酸的细菌，短链脂肪酸在血糖调节和代谢调节及维持肠道屏障完整性方面具有许多潜在作用。Ma 等的研究表明，*Bacteroides* 的消耗将有利于血糖控制，其丰度越高，葡萄糖的稳态越差。Ferrocino 等发现，*Faecalibacterium* 的丰度与空腹血糖值之间存在强烈的反向关系，这个结论证明了炎症与代谢异常之间的关联。Yang 等首次在糖尿病患者中建立了结合临床指标的肠道微生物群诊断模型，在细菌与临床指标的相关性分析中发现韦荣氏球菌属（*Veillonella*）、*unclassified_Enterobacteriaceae* 与血糖呈负相关，而考拉杆菌属（*Phascolarctobacterium*）、*unidentified_Bacteroidales* 和普雷沃氏菌属（*Prevotella*）与空腹血糖呈显著正相关。此外，肠道菌群可以很好地区分糖尿病人和健康人群，这种区分糖尿病的能力与空腹血糖作为指标的能力一样准确，肠道菌群与临床指标相结合在诊断上将更为有效。

（三）微生物网络分析在菌群多样性研究中的进展

微生物网络是研究微生物群落结构的一种越来越流行的工具，通过分析微生物网络可使研究人员能够预测枢纽物种和其他物种之间的相互作用。网络的一个主要优点是能够展示涌现性，而这些特性有助于解释系统的复杂性。

在系统生物学中，研究人员已认识到网络在多种应用中的价值。如 Emig 等开发了一种基因表达数据与药物目标数据相结合的网络方法，能够识别多个新药靶点。微生物网络分析可以帮助阐明致病有机体引起疾病的原理。Meyer

等将健康的珊瑚微生物群落与患病珊瑚微生物群落进行比较，对相互作用网络的分析揭示了两个高度关联的相互作用的聚类群，其中盐单胞菌属（Halomonas）、Moritella、弧菌属（Vibrio）等是连接其他菌群的枢纽，与其他分类群既有正向作用，也有负向作用。网络方法也被应用于小鼠研究。Mahana等研究了抗生素治疗对高脂饮食小鼠的影响，研究者对6组样本进行聚类，然后对每一类构建单独的网络，并鉴定了潜在的重点物种，通过筛选目标结点来量化网络的健壮性，并发现特定的抗生素会导致生态系统崩溃。

微生物网络在人的肠道研究中也有着许多非常有价值的应用。Ba等应用宏基因组对98名足月瑞典婴儿及其母亲的粪便样本进行分析，对出生后第一年的肠道微生物群进行了表征，评估了分娩和喂养方式对其建立的影响，分析了新生儿至4个月大婴儿之间，以及4个月至12个月大婴儿操作分类单位（OTU）间的斯皮尔曼（Spearman）相关性，研究表明，婴儿之间微生物群组成和生态网络在不同阶段都具有不同特征，与微生物群的功能成熟程度相一致，为了解早期肠道微生物群与人体之间的相互作用建立了框架。Wang等对486名中国孕妇和新生儿在分娩后数秒内的多个身体部位采集的标本进行了16S rRNA测序，研究了GDM孕妇的微生物菌群的变化，通过计算孕妇口腔、肠道和阴道微生物群中细菌门的相对丰度，以及对所有属的相对丰度的成对相关性，推断出每种母体口腔、肠道和阴道微生物群的共现网络，以此确定孕妇健康状况对应的母婴微生物菌群的变化。

微生物网络分析针对牛的研究刚刚起步，相关资料较少，并且大多都集中在研究牛瘤胃菌群中。Xue等对一大型奶牛群（n=334）瘤胃菌群进行特征分析，通过Spearman相关网络分析，显示细菌、瘤胃短链脂肪酸和泌乳性能之间存在显著相关性，得出核心菌属和非核心菌属分别占该网络的53.9%和46.1%。这表明核心菌属有可能导致产奶性状的变异。Zheng等测试了牛瘤胃菌群数据的框架，包括与产甲烷相关的16S rRNA和kegg基因。在识别多指标支持的显著正相关和负相关的基础上，构建了共存网络和互斥网络，确定了与甲烷排放相关的重要模块，为将不同的共生关系和互斥关系联系起来，提出了一种复合网络模型。该模型有很大的潜力支持动物和植物类型的预测，并为与这些性状相关的菌群生物学机制提供更多见解。

二、围产期奶牛后肠道菌群时序多样性分析

（一）试验材料与方法

1. 试验时间与地点

本试验于 2019 年 10 月至 2020 年 3 月在五大连池市金澳牧场进行。

2. 试验设计

本试验以预产期集中在 2 个月以内的初产奶牛（PTC）、经产奶牛（2～4 胎）（MTC）为实验动物，在预产期前 30d 开始每天采集粪便样本直至分娩，从中筛选出符合产前 21d（-21d）、产前 15d（-15d）、产前 7d（-7d）、产前 5d（-5d）、产前 3d（-3d）、分娩当天（0d）这些时间点的奶牛，并继续采集产后 3d、5d、7d、15d、21d、30d 和 60d 的粪便样本。最终筛选出符合采样时间并且健康的 PTC 组、MTC 组奶牛各 12 头。

3. 日粮配方

日粮和牧草的成分和营养水平见表 1-1。

表 1-1 围产期奶牛日粮成分和营养水平

日粮成分	占比（%）	营养水平	数值	单位
玉米青贮	62.24	干物质（DM）	51.42	%
燕麦草	18.67	产奶净能（NEL）	5.90	MJ
小麦麸皮	0.91	粗蛋白（CP）	15.30	%
豆粕	3.63	粗脂肪（EE）	2.70	%
米糠粕	0.78	中性洗涤纤维（NDF）	46.90	%

（续）

日粮成分	占比（%）	营养水平	数值	单位
棉籽粕46%	3.95	酸性洗涤纤维（ADF）	33.40	%
玉米胚芽粉	5.41	灰分（Ash）	6.96	%
干酒糟及其可溶物	3.91	钙（Ca）	0.46	%
石粉	0.50	磷（P）	0.30	%
总计	100			

4. 饲养管理

两组奶牛饲养方式相同，自由饮水。

5. 样本采集

佩戴无菌手套从母牛直肠采集粪便20g放入两个无菌管中。所有样品在采集后临时储存于液氮中，并立即运输至实验室−80℃冷冻，直到后续分析。

6. DNA 提取

吸取1 000uL十六烷基三甲基溴化铵（CTAB）裂解液至2.0mL EP管，加入20μL溶菌酶，将适量的样品加入裂解液中，65℃水浴（时间为2h），期间颠倒混匀数次，以使样品充分裂解。离心取950μL上清液，加入与上清液等体积的酚（pH 8.0）∶氯仿∶异戊醇（25∶24∶1），颠倒混匀，12 000r/min离心10min。取上清，加入等体积的氯仿∶异戊醇（24∶1），颠倒混匀，12 000r/min离心10min。吸取上清至1.5mL离心管里，加入上清液3/4体积的异丙醇，上下摇晃，−20℃沉淀。12 000r/min离心10min倒出液体，用1mL 75%乙醇洗涤2次，剩余的少量液体可再次离心收集，然后用枪头吸出。超净工作台吹干或者室温晾干，加入51μL ddH2O溶解DNA样品，加RNase A 1μL消化RNA，37℃放置15min。之后利用琼脂糖凝胶电泳检测DNA的纯度和浓度，取适量的样品于离心管中，使用无菌水稀释样品至1ng/μL。

7. PCR 扩增

以稀释后的基因组 DNA 为模板，使用带基因组条形码（Barcode）的特异引物 515F-806R，使用 New England Biolabs 公司的 Phusion® High-Fidelity PCR Master Mix with GC Buffer 作为酶和缓冲液进行 PCR，98℃预变性 1min，PCR 产物利用 2%浓度的琼脂糖凝胶进行电泳检测。

8. PCR 产物的混样和纯化

根据 PCR 产物浓度进行等浓度混样，充分混匀后使用 1×TAE 浓度 2%的琼脂糖胶电泳纯化 PCR 产物，选择主带大小在 400～450bp 之间的序列，割胶回收目标条带。产物纯化试剂盒采用 GeneJET 胶回收试剂盒（Thermo Scientific 公司）。

9. 文库构建和上机测序

使用 Illumina 公司 TruSeq DNA PCR-Free Library Preparation Kit 建库试剂盒进行文库的构建，构建好的文库经过 Qubit 定量和文库检测，合格后，使用 NovaSeq 6000 进行上机测序。

10. 序列分析

根据 Barcode 序列和 PCR 扩增引物序列从下机数据中拆分出各样本数据，截去 Barcode 和引物序列后，使用 FLASH 对每个样本的 reads 进行拼接、过滤，参照 QIIME（V1.9.1）的质量控制流程对过滤后标签（Tags）进行截取、过滤和去除嵌合体处理，再与物种注释数据库进行比对，检测嵌合体序列，并去除其中嵌合体序列，得到最终有效数据。

利用 Uparse 软件（V7.0.1001）对所有样本进行聚类，默认以 97%的一致性将序列聚类成为 OTUs，选取其中出现频数最高的序列作为 OTUs 代表性序列。利用 Mothur 方法与 SILVA132 的 SSUrRNA 数据库进行物种注释，MUSCLE（V3.8.31）软件进行快速多序列比对，最后以样本中数据量最少的为标准进行均一化处理。

11. 统计分析

通过 R 软件（V4.0.3）对 PTC 组和 MTC 组奶牛后肠道菌群测序数据进

行统计显著性分析。两组奶牛后肠道菌群 Alpha 多样性的时序差异均利用 Tukey HSD 检验评估，置信水平为 0.05。两组奶牛后肠道菌群的结构差异均利用 Bray Curtis 距离进行主坐标分析和置换多元方差分析（PERMANOVA）评估，置信水平为 0.05。两组奶牛后肠道菌群丰度的时序差异均利用 Wilcoxon 检验评估，置信水平为 0.05。

（二）结果与分析

1. 围产期奶牛后肠道菌群 Alpha 多样性的时序分析

225 个样本共生成 20 338 330 条 16S rRNA 原始读段（reads），通过拼接、过滤和去嵌合体得到 14 410 815 条 reads，平均每个样本得到 64 080 条高质量序列，其中质量值为 Q20 和 Q30 部分平均在 98.85% 和 96.85% 以上，说明检测样品的序列数和质量良好，能够满足后续分析要求。Shannon 多样性曲线趋于平稳，表明测序深度足以捕获具有代表性的菌群多样性，能够满足试验要求（图 1-1）。PTC、MTC 组的 Shannon、Chao1、Observed_species 多样性变化趋势大致相同：产前较为平稳，0～5d 呈小幅下降，5d 开始缓步上升直至再次平稳（图 1-2）。PTC、MTC 组后肠道菌群在各个时间点的平均 Alpha 多样性指数见表 1-2。

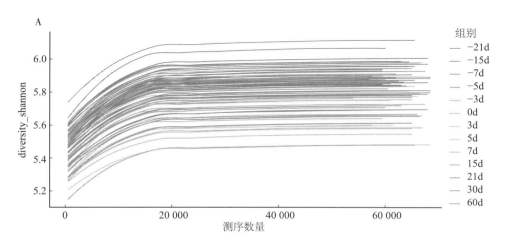

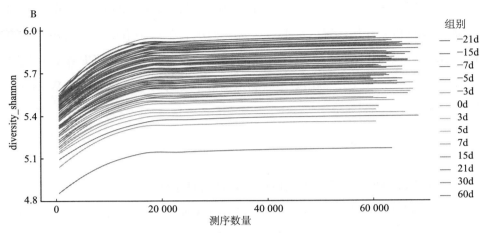

图 1-1 Shannon 多样性稀疏曲线

A. PTC 组；B. MTC 组

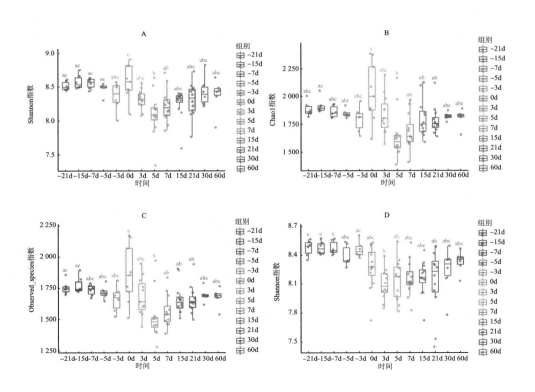

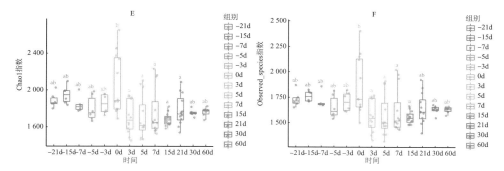

图 1-2　Alpha 多样性指数的时序变化

A～C：PTC 组 Shannon、Chao1、Observed_species 多样性指数；D～F：MTC 组 Shannon、Chao1、Observed_species 多样性指数；显著性水平：$P<0.05$；检验方法：Tukey HSD 检验，同行数据肩标无字母或相同字母表示差异不显著（$P\geq0.05$），不同字母表示差异显著（$P<0.05$）

表 1-2　奶牛后肠道菌群各时间点平均 Alpha 多样性指数

组别	时间点	Observed_species 指数	Shannon 指数	Chao1 指数
PTC 组	－21d	1 753.50	8.51	1 885.56
PTC 组	－15d	1 773.00	8.57	1 916.24
PTC 组	－7d	1 734.83	8.55	1 861.78
PTC 组	－5d	1 715.17	8.47	1 846.55
PTC 组	－3d	1 661.67	8.37	1 795.35
PTC 组	0d	1 846.30	8.58	2 019.47
PTC 组	3d	1 682.55	8.31	1 840.24
PTC 组	5d	1 522.08	8.10	1 646.29
PTC 组	7d	1 564.08	8.22	1 684.23
PTC 组	15d	1 661.58	8.25	1 801.72
PTC 组	21d	1 655.33	8.30	1 782.52
PTC 组	30d	1 694.33	8.43	1 819.32
PTC 组	60d	1 677.00	8.37	1 806.23
MTC 组	－21d	1 731.50	8.48	1 886.44
MTC 组	－15d	1 760.67	8.48	1 946.58
MTC 组	－7d	1 710.67	8.48	1 839.44
MTC 组	－5d	1 654.83	8.39	1 798.77

（续）

组别	时间点	Observed_species 指数	Shannon 指数	Chao1 指数
MTC 组	−3d	1 707.67	8.46	1 849.27
MTC 组	0d	1 865.08	8.27	2 056.35
MTC 组	3d	1 564.75	8.09	1 705.55
MTC 组	5d	1 571.58	8.19	1 704.00
MTC 组	7d	1 619.33	8.16	1 764.06
MTC 组	15d	1 553.75	8.16	1 681.26
MTC 组	21d	1 642.00	8.13	1 781.07
MTC 组	30d	1 631.00	8.23	1 753.31
MTC 组	60d	1 631.00	8.33	1 761.34

2. 围产期奶牛后肠道菌群 Beta 多样性的时序分析

利用 Bray Curtis 距离评估 Beta 多样性，说明 PTC 组和 MTC 组后肠道菌群变化的动态过程（图 1-3）。PCoA 图显示，对于 PTC 组，在第一、二坐标轴确定平面（图 1-3A）和第一、三坐标轴确定平面（图 1-3B），−21～−3d、5～21d 和 30～60d 的数据明显分开；对于 MTC 组，−21～0d、3～15d 和 21～60d 的数据也在第一、二坐标轴确定平面明显分开（图 1-3D），且 MTC 组第一坐标轴占比（41.39%）比 PTC 组（24.06%）多，表明 PTC 组和 MTC 组的后肠道菌群结构会随时间变化而变化，且胎次会影响奶牛后肠道菌群的构成。

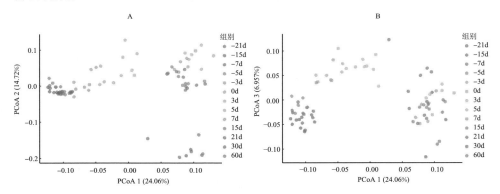

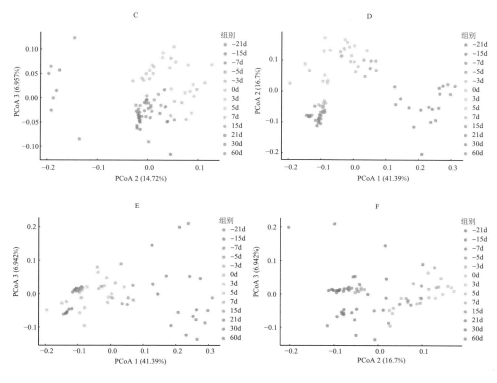

图1-3 基于Bray Curtis距离的Beta多样性分析
A~C. PTC组；D~F. MTC组

3. 围产期奶牛后肠道优势菌群的确定

对于PTC组和MTC组，定义相对丰度大于0.5%的门为优势菌门，分别在每个时间点筛选优势菌门（图1-4）。无论PTC组还是MTC组，在每个时间点变形菌门（Proteobacteria）、厚壁菌门（Firmicutes）、拟杆菌门（Bacteroidota）都是优势菌门，PTC组中Spirochaetes也是所有时间点的优势菌门，但在MTC组中不是−3d和−5d的优势菌门；软壁菌门（Tenericutes）在PTC组除30d、60d以外在其余时间点为优势菌门，在MTC组除−3d、−5d、30d和60d以外在其余时间点为优势菌门；两组中放线菌门（Actinobacteria）和疣微菌门（Verrucomicrobia）在产前各时间点均非优势菌门，Verrucomicrobia在初产组除 5d 外为优势菌门，在经产组除 7d、15d、21d 外为优势菌门；两组中 Actinobacteria 的丰度在产后均呈波动状态。由图 1-4 也可清晰看出，无论 PTC 组还是 MTC 组，分娩当天优势菌门的构成更为丰富。PTC 组和 MTC 组后肠道中优势菌群在各个时间点的平均相对丰度百分比见表 1-3。

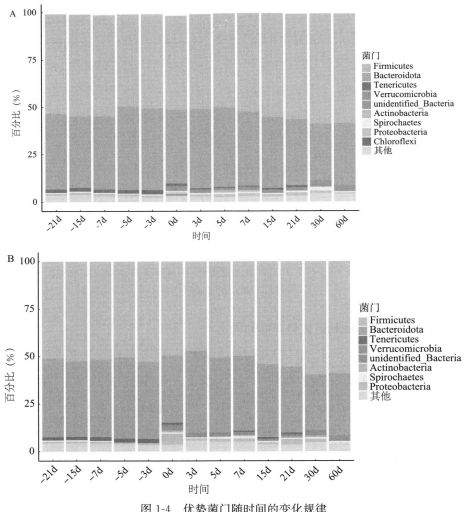

图 1-4 优势菌门随时间的变化规律
A. PTC 组；B. MTC 组

表 1-3 各时间点优势菌群平均相对丰度百分比（门水平）

(单位：%)

组别	菌门	-21d	-15d	-7d	-5d	-3d	0d	3d	5d	7d	15d	21d	30d	60d
PTC组	Chloroflexi	0.003	0.003	0.002	0.002	0.005	0.542	0.086	0.007	0.005	0.006	0.002	0.000	0.002
PTC组	Actinobacteria	0.096	0.072	0.074	0.056	0.053	0.105	0.196	1.212	0.816	0.170	0.184	0.310	0.500
PTC组	Verrucomicrobia	0.243	0.232	0.483	0.289	0.297	0.829	0.619	0.292	0.515	0.631	0.584	1.058	0.886
PTC组	unidentified_Bacteria	0.018	0.029	0.027	0.025	0.018	1.830	1.221	1.110	1.250	1.135	1.180	2.518	2.403
PTC组	Tenericutes	1.861	2.026	1.839	1.932	2.291	1.286	0.751	0.579	0.539	0.920	1.138	0.000	0.000
PTC组	Spirochaetes	0.573	0.702	0.560	0.530	0.673	0.776	0.813	1.083	0.964	0.652	0.906	2.023	0.662
PTC组	Proteobacteria	0.870	1.151	1.137	0.879	1.044	1.053	0.956	1.180	1.295	1.066	1.729	1.109	0.573
PTC组	Bacteroidota	39.972	37.620	38.560	43.980	43.055	38.998	41.652	41.995	39.040	37.437	34.871	29.685	32.781
PTC组	Firmicutes	52.437	53.773	53.311	48.525	49.582	49.453	50.071	49.410	51.923	54.606	55.434	58.070	57.559
PTC组	其他	3.378	3.641	3.116	3.018	2.278	3.359	2.875	2.640	3.066	2.785	3.048	4.537	4.066
MTC组	Actinobacteria	0.189	0.152	0.079	0.065	0.065	0.962	0.167	0.216	0.510	0.383	0.615	0.942	0.156
MTC组	Verrucomicrobia	0.235	0.235	0.405	0.261	0.376	1.760	0.587	0.543	0.461	0.382	0.341	0.545	0.610
MTC组	unidentified_Bacteria	0.024	0.018	0.018	0.020	0.016	1.378	1.900	1.750	1.630	1.181	1.229	2.256	2.510
MTC组	Tenericutes	1.676	1.800	2.020	2.125	2.291	0.967	0.455	0.463	0.638	0.899	1.032	0.000	0.000
MTC组	Spirochaetes	0.663	0.762	0.559	0.405	0.376	0.788	0.638	1.191	1.385	0.703	0.533	0.745	0.635
MTC组	Proteobacteria	0.796	0.936	0.910	0.841	0.919	5.706	1.136	1.352	1.482	1.085	3.062	1.767	0.392
MTC组	Bacteroidota	41.434	39.848	40.799	42.722	40.459	35.490	43.143	39.443	39.447	38.227	34.687	29.334	32.649
MTC组	Firmicutes	51.033	52.358	51.565	50.430	52.832	49.385	46.904	50.542	49.698	54.231	55.432	59.608	58.876
MTC组	其他	4.398	4.297	4.147	3.882	3.500	3.564	5.692	5.179	5.210	3.674	3.412	4.804	4.720

在属水平，定义相对丰度大于0.1%的菌属为优势菌属，对于PTC组和MTC组，在每一个时间点都筛选出了优势菌属，其中PTC组筛选出89种，MTC组筛选出78种。由于每种优势菌属并非在所有时间点相对丰度均大于0.1%，因此对两组分别计算在不同时间点共有优势菌属数量和特异优势菌属数量（仅在一个时间点检测到），见图1-5。由图1-5可知，两组均是0~60d间所有时间点共有优势菌属数量最多，都为16种；两组在0d、21d和30d的特异菌属数量也相似，其中PTC组在这三个时间点的特异菌属数量分别是7种、9种和5种，MTC组分别是7种、8种和3种；两组在所有时间点共有的优势菌属及从−21~21d所有时间点共有优势菌属数量相似，其中PTC组分别为9种和6种，MTC组分别为8种和5种。

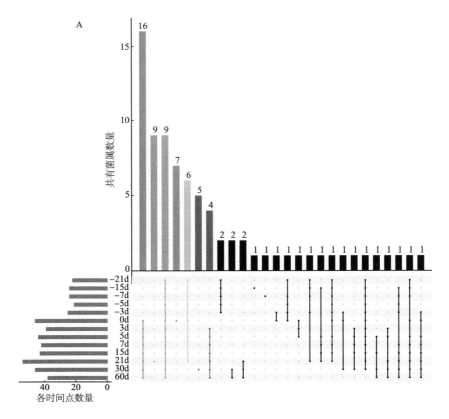

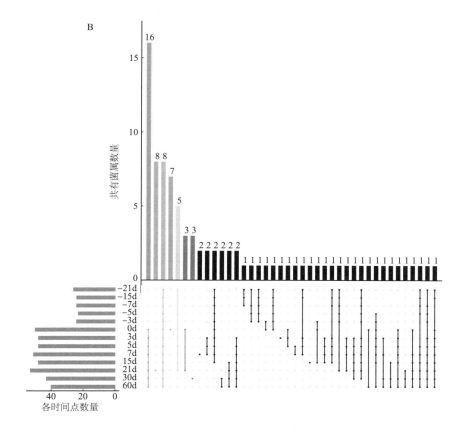

图1-5 不同时间点共有优势菌属数量和特异优势菌属数量
A. PTC组;B. MTC组

为分析优势菌属在不同时间点的变化规律,依次将每种优势菌属在各时间点的相对丰度与在－21d时的相对丰度进行Wilcoxon检验。若一个菌属在某时间点的相对丰度大于0.5%且与－21d时的相对丰度具有显著性差异($P<0.05$),则将其筛选出来,体现在丰度随时间变化的热图中(图1-6)。由图1-6可知,PTC组除嗜黏蛋白菌属(*Akkermansia*)、双歧杆菌属(*Bifidobacterium*)在－7d时的丰度与－21d时的丰度有显著性差异以外,每个优势菌属的丰度在－21~0d内均无显著性差异;*Bifidobacterium*、*Intestinimonas*两个菌属在3~

60d 这个时间段内的丰度均与－21d 时的丰度具有显著差异，其中 *Bifidobacterium* 的丰度较低且稳定，*Intestinimonas* 在 3d 时丰度较高，5～60d 时丰度较低且稳定；另枝菌属（*Alistipes*）的丰度自 5～60d 呈下降趋势。MTC 组中满足条件的优势菌属比 PTC 组丰富，MTC 组每种优势菌属的丰度在－21～

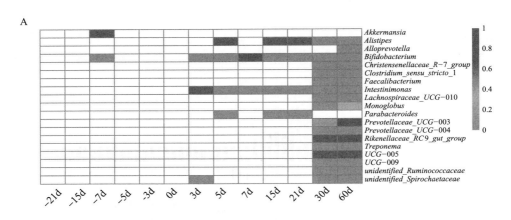

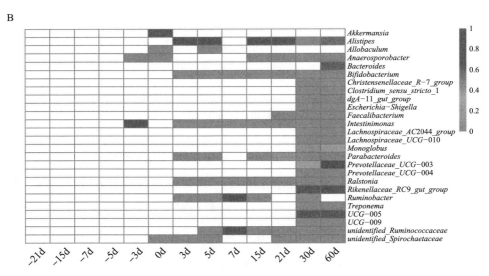

图 1-6 在各时间点丰度与－21d 时丰度具有显著差异的优势菌属
A. PTC 组；B. MTC 组

—5d 这一时间段内差异均不显著；*Akkermansia* 在 0d 时的丰度与—21d 时的丰度差异显著，*Alistipes* 丰度自 3~60d 呈下降趋势；*Bifidobacterium*、*Intestinimonas* 和 *Ralstonia* 的丰度在 3~60d 这个时间段内均与—21d 时的丰度差异显著，丰度较低且稳定，其中 *Intestinimonas* 在—3d 时丰度较高。副拟杆菌属（*Parabacteroides*）、瘤胃杆菌属（*Ruminobacter*）、unidentified_Ruminococcaceae 和 unidentified_Spirochaetaceae 的丰度自 0d 后均呈波动趋势。此外，PTC 组和 MTC 组中大部分优势菌属在 30d 和 60d 时的丰度值与—21d 时的丰度值差异显著（如 *Monoglobus*、*Rikenellaceae_RC9_gut_group*、UCG-005 等）。

4. 围产期奶牛后肠道与时间关联标志菌群的确定

为消除胎次的影响，使用随机森林（random forest）机器学习算法对 PTC 组和 MTC 组后肠道菌群的相对丰度与各采样时间进行回归，建立奶牛后肠道菌群构成与奶牛—21~60d 这一时间段相关的随机森林模型，该模型解释了 80.94% 的后肠道菌群变化。为揭示作为时序标志的重要菌属与围产期时间的相关性，我们进行了 10 次交叉验证，用 5 次重复来评价菌属的重要性。当菌属种类为 17 时，得到了最小交叉验证误差（图 1-7）。因此，将这 17 个菌属定义为由随机森林模型确定的时序标志菌属。图 1-7A 为这 17 个时序标志菌属列表（按贡献度由大到小排序），B 为每种时序标志菌属在各时间点的相对丰度。其中厌氧支原体等 12 种菌在产后的时间点表现出较高的相对丰度。如布劳氏菌属（*Blautia*）在 21d 时丰度最高，毛螺菌属（*Lachnospira*）、*Anaerosporobacter* 在 30d 时丰度最高，*Erysipelotrichaceae_UCG*-007 在 60d 时丰度最高，*Prevotellaceae_Ga6A1_group*、*Defluviitaleaceae_UCG*-011 等自 0d 开始逐渐积累，至 30d 时丰度达到较高水平。

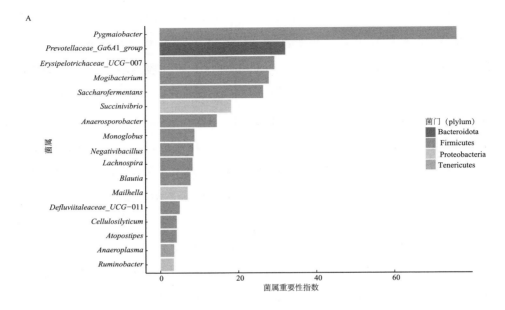

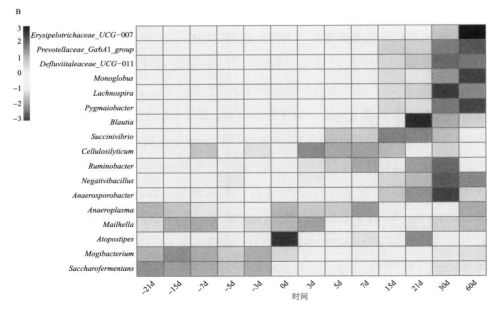

图 1-7 与围产期时间相关联的奶牛后肠道时序标志菌属
A. 时序标志菌属按重要性排序列表;B. 每种时序标记菌属在各时间点的相对丰度

(三) 讨论

目前研究表明，在妊娠期间及生产后，母体经历显著生理变化的同时，肠道菌群也会产生明显的变化。本研究发现 PTC、MTC 组奶牛后肠道菌群的 Alpha 多样性从 Shannon 指数、Chao1 指数及观测到的特征数指数等方面变化趋势均相似，说明两组奶牛后肠道菌群从群落物种数目、所涵盖的菌群种类数量等方面的变化类似；Beta 多样性可分三个阶段：产前、0～21d、30～60d，说明两组奶牛后肠道菌群的群落结构都具备时序变化特征。

在门水平上，肠道中的常见菌门 Proteobacteria、Firmicutes 和 Bacteroides 在两组中的所有时间点都是优势菌门；其余优势菌门的丰度在两组中各时间点产生波动：两组中的 Tenericutes 在 30d 和 60d 丰度下降成为非优势菌门，而 Tenericutes 具有突出的核酸降解能力，对氮、磷等元素的循环有重要的驱动作用；两组中 Actinobacteria 和 Verrucomicrobia 在产前并非优势菌门，在产后的丰度均呈波动状态，Actinobacteria 可以利用碳水化合物产生乳酸，乳酸可以维持环境的酸度，抑制肠道内致病菌的生长，Verrucomicrobia 中的嗜黏液蛋白阿克曼菌 (*Akkermansia muciniphila*) 是胃肠道 (GI) 微生物群中的一个重要成员，也是哺乳动物肠道中目前唯一可培养的疣微菌门代表物种，目前发现其与成人中肥胖和糖尿病风险有关；Chloroflexi 仅在 PTC 组 0d 这一个时间点作为优势菌门出现，有研究表明其广泛存在于地下环境，代表海底沉积物群落中的主要部分，由于缺乏培养的分离物和基因组信息，目前没有针对哺乳动物中 Chloroflexi 功能的相关研究，其生理学、宿主适应机制和致病潜力尚不清晰。

在属水平上，在产前，两组中的绝大多数优势菌属未表现出时序差异；在产后，两组中 *Alistipes*、*Bifidobacterium*、*Intestinimonas* 和 *Parabacteroides* 在分娩后大部分时间点的丰度与－21d 时的丰度差异显著。*Alistipes* 是与健康相关的肠道厌氧菌，有研究表明其与辛酸含量呈正相关，辛酸是一种具有抗菌和抗病毒特性的中链脂肪酸（MCFA），与短链脂肪酸（SCFA）一样为纤维厌氧菌的分解产物，此外，*Alistipes* 可生产乙酸盐，其减少会促使短链脂肪酸的减少。*Bifidobacterium* 是一种肠道益生菌，具有生物屏障、营养作用、抗肿瘤作用、免疫增强作用、改善胃肠道功能等多种重要的生理功能。*Intestinimonas* 是在人类和其他动物的肠道中具有代表性的菌属，可产生丁酸，而丁酸在维持肠道内环境稳定和肠上皮完整性方面发挥着重要作用，在炎症性肠病、2 型糖尿病中观察到了丁酸菌数量的减少。已有研究表明，*Parabacteroides* 是人体核心菌群之一，其丰度与肥胖、非酒精性脂肪肝、糖尿病等疾病的检测指标呈显著负相关，其可能在糖脂代谢等方面发挥正向调节作用。*Ruminobacter*、*Ralstonia* 在 MTC 组奶牛产后时间段也呈现出明显的波动，*Ruminobacter* 与瘤胃氨浓度以及血液、牛奶中的尿素氮浓度呈负相关，而尿素氮是反映奶牛蛋白质营养状态和评价蛋白质利用效率的重要生物学指标，瘤胃中氨的浓度对瘤胃消化利用营养物质、瘤胃发酵及宿主健康都有影响。此外，PTC 组和 MTC 组中大部分优势菌属在 30d 和 60d 的丰度与—21d 时的丰度体现出显著差异，这说明围产期奶牛在营养需求、生理和代谢等方面发生极大变化的同时，后肠道中的优势菌群也随之改变，大部分优势菌群在产生 SCFA、MCFA，参与糖脂代谢等方面发挥了重要的功能，且 MTC 组奶牛后肠道菌群变化比 PTC 组丰富。

  随机森林是一种组成式的监督学习方法，通过生成多个决策树对对象和变量进行抽样并构建预测模型，依次对对象进行分类，再将各决策树分类结果汇总，所有预测类别中的众数类别即为随机森林所预测的该对象的类别。相较于其他分类方法，随机森林的分类准确率通常更高，能够在分类的同时度量变量对分类的相对重要性。本研究利用随机森林模型对 PTC、MTC 组奶牛后肠道菌群相对丰度与采样时间进行回归，旨在统计检验分析的基础上深入阐述围产期奶牛后肠道菌群的时间动态特征，识别重要的时间响应菌群。随机森林模型解释了与围产期时间相关的 80.94% 的后肠道菌群变化，筛选出的时序标记菌属中按重要度排列在首位的是 *Pygmaiobacter*，其主要生物学功能尚未知，但目前已有研究发现其在第三次泌乳的奶牛粪便中富集，还有研究发现其在患有代谢综合征的大鼠和正常大鼠粪便菌群中 *Pygmaiobacter* 的丰度差异显著。Guo 等在研究居住在澳大利亚的中国移民口腔菌群与免疫系统间互作模式时发现，*Erysipelotrichaceae_UCG*-007 与 IL-6 呈负相关。Zhan 的研究表明，与对照组相比，随着日粮中苜蓿黄酮提取物（AFE）的添加量不断增加，初产奶牛瘤胃中 *Succinivibrio* 的丰度增加，而 *Mogibacterium* 的丰度下降。除此以外，*Mogibacterium*、*Ruminobacter*、*Prevotellaceae_Ga6A1_group* 等都是肠道中的常见功能菌，这些由随机森林模型确定的时序标记菌属与围产期母牛各种生理功能的关联还需进一步挖掘。

三、围产期奶牛与血液指标相关联标志菌群的时序分析

（一）材料与方法

1. 试验时间与地点

本试验于 2019 年 10 月至 2020 年 3 月在五大连池市金澳牧场进行。

2. 试验设计

对奶牛采集粪样的同时，在两组分别随机选取 6 头于 -21d、-15d、-7d、-5d、-3d、0d、3d、5d、7d、15d 和 21d 采集血样。

3. 日粮配方

见表 2-1。

4. 饲养管理

两组奶牛饲养方式相同，自由饮水。

5. 样本采集

粪样的采集：佩戴无菌手套从母牛直肠采集粪便 20g 放入两个无菌管中。

所有样品在采集后临时储存于液氮,并立即运输至实验室-80℃冷冻,直到后续分析。

血样的采集:每头奶牛均于晨饲前空腹尾静脉采血10mL置于促凝真空管内,室温静置20min,3 500r/min离心15min,取血清分装于1.5mL的离心管中,置于-20℃冰箱待测。

6. 血液指标的测定

测定奶牛血液GLU、BHBA、NEFA和Ca元素水平。按照试剂盒操作说明采用iChem-340全自动生化分析仪进行测定,所需试剂盒购自北京九强生物技术股份有限公司。

7. 统计分析

通过R软件(V4.0.3)对PTC组和MTC组奶牛后肠道菌群测序数据进行统计显著性分析。两组奶牛后肠道菌群Alpha多样性的时序差异均利用Tukey HSD检验评估,置信水平为0.05。两组奶牛后肠道菌群的结构差异均利用Bray Curtis距离进行主坐标分析和置换多元方差分析(PERMANOVA)评估,置信水平为0.05。两组奶牛后肠道菌群丰度的时序差异均利用Wilcoxon检验评估,奶牛组置信水平为0.05。

(二)结果与分析

1. 围产期奶牛GLU测定结果与分析

PTC组和MTC组在各个采样时间点GLU水平比较见图1-8,平均水平统计见表1-4,变化趋势见图1-9。由表1-4、图1-8、图1-9可知,PTC组与MTC组奶牛GLU水平除7d、15d以外差异均不显著($P \geqslant 0.05$);MTC组在大部分采样时间(-21d、-5d、-3d、0d、3d、5d、21d)的GLU平均水平比PTC组高,PTC组与MTC组在-5~0d的GLU水平呈上升趋势,0~5d又逐渐回落到与-5d相似水平。

表 1-4　各时间点 GLU 平均水平统计

（单位：mmol/L）

组别	−21d	−15d	−7d	−5d	−3d
PTC	3.08^a±0.65	2.89^a±0.72	3.09^a±0.40	2.59^a±0.47	3.08^a±0.48
MTC	3.24^a±0.53	2.68^a±0.15	3.11^a±0.67	2.96^a±0.54	3.52^a±0.51

组别	0d	3d	5d	7d	15d	21d
PTC	4.20^a±1.79	2.67^a±0.37	2.64^a±0.27	3.15^a±0.35	3.27^a±0.33	2.35^a±0.45
MTC	5.62^a±0.95	3.22^a±1.40	2.90^a±1.67	2.65^b±0.39	2.63^b±0.70	3.54^a±2.35

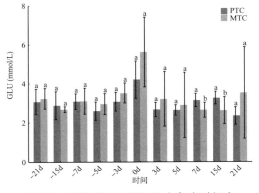

图 1-8　PTC 组和 MTC 组在各个时间点 GLU 平均水平

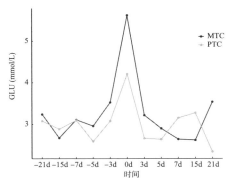

图 1-9　PTC 组和 MTC 组 GLU 平均水平随时间的变化趋势

2. 围产期奶牛 BHBA 测定结果与分析

PTC 组和 MTC 组在各个采样时间点 BHBA 水平比较见图 1-10，平均水平统计见表 1-5，其变化趋势见图 1-11。由表 1-5、图 1-10、图 1-11 可知，PTC 组与 MTC 组奶牛 BHBA 水平在 7d、15d 差异显著（$P<0.05$），在其他时间点均无显著差异（$P\geqslant 0.05$）；除 −7d 以外，MTC 组在其余时间点的 BHBA 平均水平都比 PTC 组高，且 PTC 组在 −21～−3d 波动较小，至 0d 时 BHBA 水平下降，到 3d 恢复至产前水平，3～7d 继续小幅下降，随后 BHBA 值持续增加。MTC 组在 −21～−5d 波动较小，自 −5～3d 逐渐增加；与 PTC 组类似，BHBA 水平在 −3～3d 小幅上升，随后稍微下降，自 5d 再次逐渐增

加，至 15d 达到峰值，再到 21d 时有所下降。

表 1-5 各时间点 BHBA 平均水平统计

（单位：mmol/L）

组别	−21d	−15d	−7d	−5d	−3d
PTC	$0.47^a \pm 0.13$	$0.46^a \pm 0.11$	$0.50^a \pm 0.15$	$0.42^a \pm 0.10$	$0.42^a \pm 0.06$
MTC	$0.50^a \pm 0.09$	$0.49^a \pm 0.13$	$0.46^a \pm 0.07$	$0.43^a \pm 0.11$	$0.50^a \pm 0.13$

组别	0d	3d	5d	7d	15d	21d
PTC	$0.24^a \pm 0.14$	$0.46^a \pm 0.10$	$0.43^a \pm 0.11$	$0.41^a \pm 0.09$	$0.51^a \pm 0.07$	$0.67^a \pm 0.37$
MTC	$0.57^a \pm 0.27$	$0.61^a \pm 0.30$	$0.58^a \pm 0.17$	$0.83^b \pm 0.34$	$1.15^b \pm 0.87$	$1.18^a \pm 0.61$

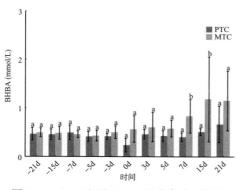

图 1-10 PTC 组和 MTC 组在各个时间点 BHBA 平均水平

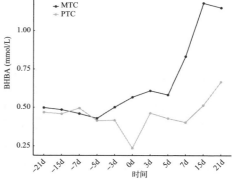

图 1-11 PTC 组和 MTC 组 BHBA 平均水平随时间的变化趋势

3. 围产期奶牛 NEFA 测定结果与分析

PTC 组和 MTC 组在各个采样时间 NEFA 水平比较见图 1-12，平均水平统计见表 1-6，其变化趋势见图 1-13。由表 1-6、图 1-12、图 1-13 可知，PTC 组与 MTC 组奶牛 NEFA 水平在 0d、7d、15d 差异显著（$P<0.05$），在其他时间点差异均不显著（$P \geqslant 0.05$）；除 −15d 以外，MTC 组在其余时间点的 NEFA 平均水平均比 PTC 组高，PTC 组在全部采样时间点，尤其是产后波动较小，产后每个时间点的 NEFA 平均水平均比产前高；MTC 组在 −15d 的 NEFA 平均水平最低，随后逐渐增加至 0d 达到峰值，自 0~5d 持续下降，再

到 7d 又增长至接近峰值，随后持续下降至接近－3d 水平。

表 1-6　各时间点 NEFA 平均水平统计

（单位：mmol/L）

组别	－21d	－15d	－7d	－5d	－3d
PTC	$0.43^a \pm 0.03$	$0.50^a \pm 0.14$	$0.45^a \pm 0.06$	$0.54^a \pm 0.08$	$0.51^a \pm 0.11$
MTC	$0.45^a \pm 0.06$	$0.32^a \pm 0.20$	$0.52^a \pm 0.11$	$0.63^a \pm 0.16$	$0.65^a \pm 0.21$

组别	0d	3d	5d	7d	15d	21d
PTC	$0.59^a \pm 0.23$	$0.60^a \pm 0.28$	$0.64^a \pm 0.11$	$0.60^a \pm 0.09$	$0.60^a \pm 0.10$	$0.60^a \pm 0.14$
MTC	$1.13^b \pm 0.39$	$0.92^a \pm 0.25$	$0.87^a \pm 0.31$	$1.13^b \pm 0.33$	$1.03^b \pm 0.28$	$0.68^a \pm 0.08$

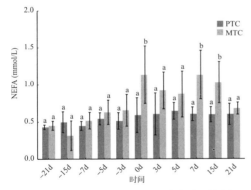

图 1-12　PTC 组和 MTC 组在各个时间点 NEFA 平均水平

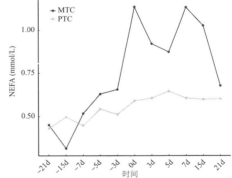

图 1-13　PTC 组和 MTC 组 NEFA 平均水平随时间的变化趋势

4. 围产期奶牛 Ca 元素测定结果与分析

PTC 组和 MTC 组在各个采样时间点 Ca 元素水平比较见图 1-14，平均水平统计见表 1-7，其变化趋势见图 1-15。由表 1-7、图 1-14、图 1-15 可知，PTC 组与 MTC 组奶牛 Ca 元素水平在各个时间点差异不显著（$P \geqslant 0.05$）；在 －21～－5d，PTC 组和 MTC 组 Ca 元素水平变化均呈波动状，在 5～21d，PTC 组和 MTC 组 Ca 元素水平变化也类似：5～15d 持续上升达到峰值，随后迅速下降。在－5～5d，PTC 组 Ca 元素水平在－3d 达到所有采样时间点内最低值，－3～3d 呈上升趋势；而 MTC 组在－5d 和－3d 的 Ca 元素水平接近，－3d 开始持续下降，至 3d 达到所有采样时间点内最低值，3d 后 Ca 元素水平呈上升趋势。

表 1-7　各时间点 Ca 元素平均水平统计

（单位：mmol/L）

组别	−21d	−15d	−7d	−5d	−3d
PTC	1.99^a±0.20	2.12^a±0.12	1.77^a±0.35	1.94^a±0.15	1.72^a±0.47
MTC	1.82^a±0.28	2.06^a±0.06	1.85^a±0.28	2.07^a±0.08	2.07^a±0.16
组别	0d	3d	5d	7d	15d	21d
PTC	1.85^a±0.60	1.94^a±0.11	1.91^a±0.20	2.06^a±0.12	2.07^a±0.09	1.75^a±0.21
MTC	1.81^a±0.64	1.59^a±0.40	1.71^a±0.34	1.95^a±0.06	2.11^a±0.07	1.71^a±0.21

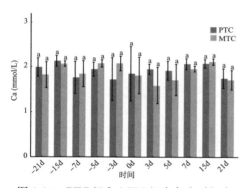

图 1-14　PTC 组和 MTC 组在各个时间点 Ca 元素平均水平

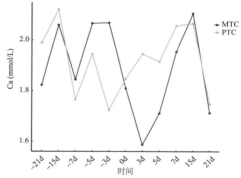

图 1-15　PTC 组和 MTC 组 Ca 元素平均水平随时间的变化趋势

5. 围产期奶牛后肠道菌群与血液指标共现相关网络分析

分别选取 PTC 组、MTC 组后肠道中相对丰度大于 0.1% 的菌属，利用 Spearman 方法在各个时间点与对应的 GLU、BHBA、NEFA 和 Ca 元素水平进行共现相关网络分析。筛选标准为相关系数大于 0.6（$r \geqslant 0.6$）且显著性水平小于 0.05（$P < 0.05$），且只保留菌群与上述指标间的关联，得出 PTC、MTC 组后肠道中相关菌属在各个时间点与上述指标的共现相关网络，见图 1-16、图 1-17。各共现相关网络中与 4 个指标分别相关的菌属数量见图 1-18。

第一章・围产期奶牛后肠道菌群与乳汁菌群多样性时序特征

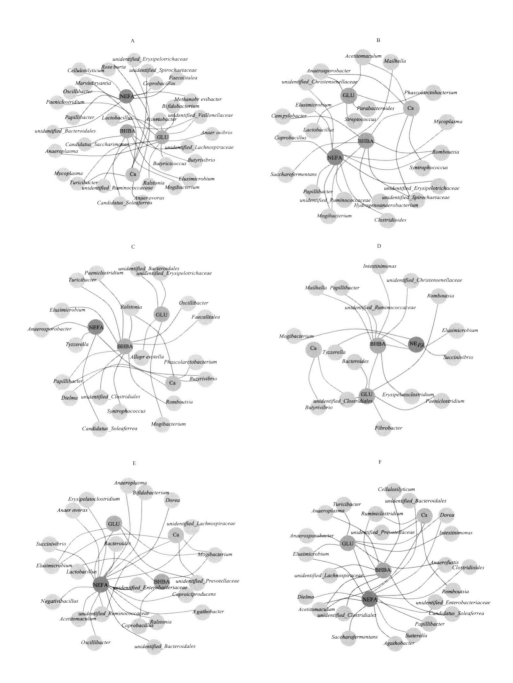

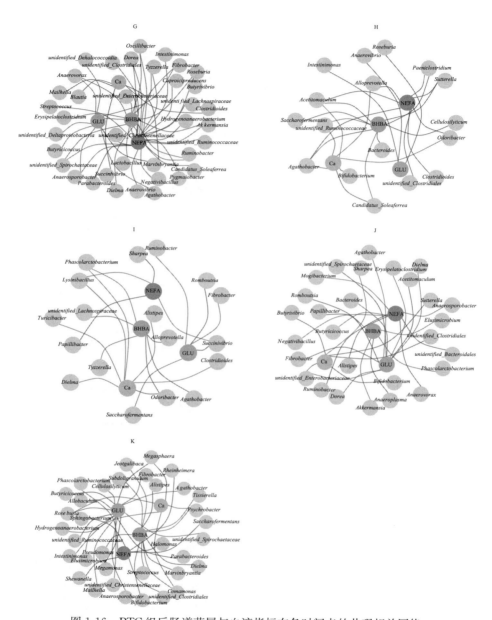

图 1-16 PTC 组后肠道菌属与血液指标在各时间点的共现相关网络

A~K：−21d、−15d、−7d、−5d、−3d、0d、3d、5d、7d、15d、21d；红色线：正相关；蓝色线：负相关

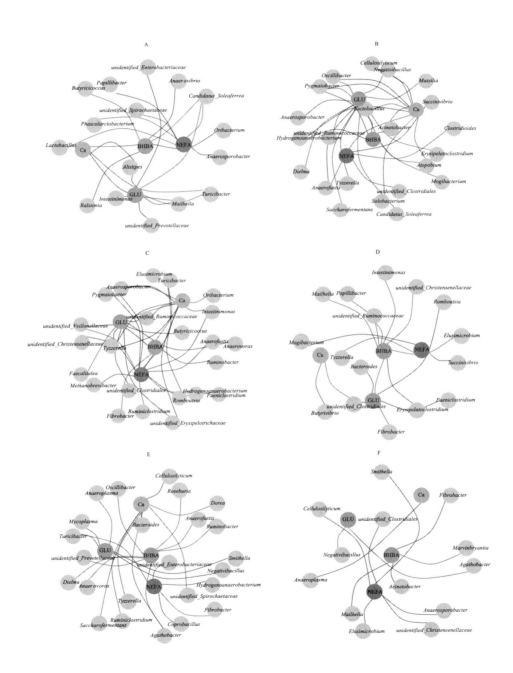

33

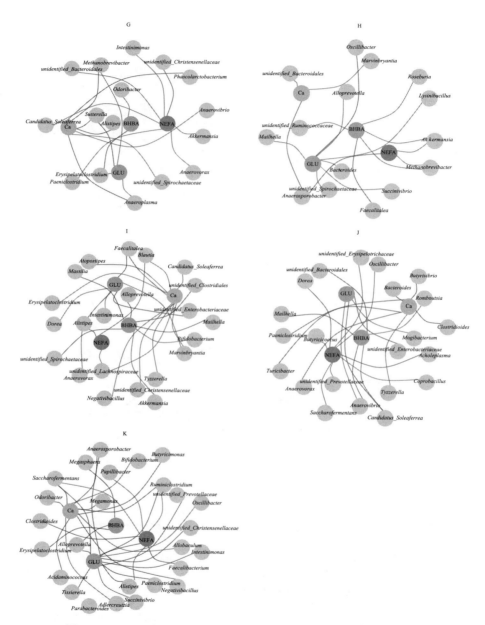

图 1-17 MTC 组后肠道菌属与血液指标在各时间点的共现相关网络

A~K：−21d、−15d、−7d、−5d、−3d、0d、3d、5d、7d、15d、21d；红色线：正相关；蓝色线：负相关

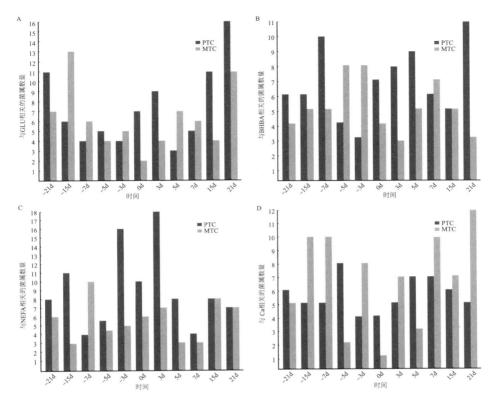

图 1-18 PTC 组、MTC 组各时间点的共现相关网络中与 4 个指标分别相关的菌属数量
A~D：与 GLU、BHBA、NEFA 和 Ca 元素相关的菌属数量

由图 1-16 至图 1-18 可知，在分娩前后 PTC 组与 GLU、BHBA、NEFA 相关联的菌属数量多于 MTC 组，其中在 0~5d 内，PTC 组与 BHBA 相关联的菌属数量多于 MTC 组；PTC 组与 GLU 相关联的菌属数量在 0~3d 内多于 MTC 组；在－21~7d 内，除－7d 以外 PTC 组与 NEFA 相关联的菌属数量多于 MTC 组，在 15d 和 21d 两个时间点，两组与 NEFA 相关联的菌属数量相同；在大部分时间点内（－15d，－7d，－3d，3d，7d，15d 和 21d），MTC 组与 Ca 元素相关联的菌属数量多于 PTC 组。

在 PTC 组和 MTC 组与 GLU 均相关联的菌属为 *Anaerosporobacter*，副拟杆菌属（*Parabacteroides*），*Romboutsia*，丹毒丝菌属（*unidentified_*

Erysipelotrichaceae）、unidentified_Christensenellaceae 和 unidentified_Enterobacteriaceae；与 BHBA 均相关联的菌属为 *Erysipelatoclostridium*、unidentified_Ruminococcaceae、*Alloprevotella*、*Turicibacter* 和 *Hydrogenoanaerobacterium*；与 NEFA 均相关联的菌属为嗜黏蛋白菌属（*Akkermansia*）、丁蓝麻球菌属（*Butyricicoccus*）、产乙酸糖发酵菌属（*Saccharofermentans*）、*Clostridioides*、*Elusimicrobium*、*Intestinimonas*、*Candidatus_Soleaferrea*、*Anaerovorax*、*Negativibacillus*、*Anaerosporobacter*、unidentified_Christensenellaceae、unidentified_Enterobacteriaceae 和 *Papillibacter*；与 Ca 元素均相关联的菌属为丁酸弧菌属（*Butyrivibrio*）和 *Turicibacter*。

6. 共现相关网络中菌属与血液指标的回归分析

为探究共现相关网络中菌属与上述指标在时序变化上的关联，分别将与每个指标相关联的菌属在各时间点的平均丰度值与对应指标值进行回归分析，筛选出回归结果显著相关（$P<0.05$）的菌属，筛选标准为相关系数大于等于 0.6（$R^2 \geqslant 0.6$）。

在 PTC 组与 NEFA 水平显著相关的菌属为产乙酸糖发酵菌属（*Saccharofermentans*）、聚乙酸菌属（*Acetitomaculum*）、丝状杆菌属（*Fibrobacter*）、*Mogibacterium*、支原体（*Mycoplasma*）、*Intestinimonas* 和 *Paeniclostridium*，且均为负相关，R^2 从高到低分别为 0.934 1、0.814 7、0.777 2、0.732 5、0.717、0.708 4 和 0.635 8（图 1-19）。在 MTC 组中与 BHBA 水平显著正相关的菌属为 *Agathobacter* 和双歧杆菌属（*Bifidobacterium*），R^2 分别达到 0.836 和 0.633；*Tyzzerella* 与 NEFA 水平显著正相关，R^2 为 0.768；*Saccharofermentans* 与 NEFA 水平显著负相关，R^2 为 0.649 5（图 1-20、图 1-21）。在两组中 *Saccharofermentans* 都表现出了与 NEFA 水平的强相关性，且在 PTC 组中的相关性更强，相关系数 R^2 高达 0.934 1。

此外，分别将本节第二部分中随机森林模型确定的时序标志菌属与每个指标做了回归分析，得出在 PTC 组中 *Anaeroplasma* 与 Ca 元素水平显著正相

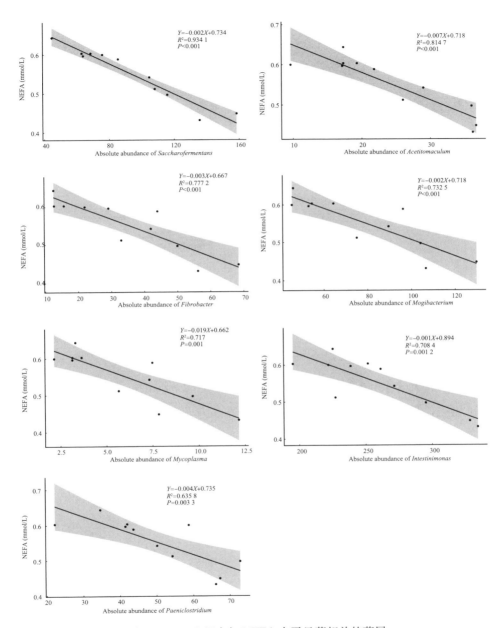

图1-19　PTC组中与NEFA水平显著相关的菌属

Absolute abundance：绝对丰度

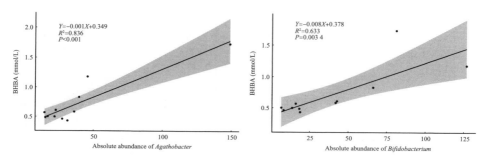

图 1-20　MTC 组中与 BHBA 水平显著相关的菌属

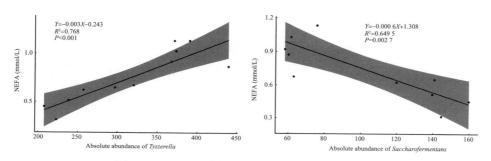

图 1-21　MTC 组中与 NEFA 水平显著相关的菌属

关，R^2 为 0.611 3（图 1-22），MTC 组中 *Anaerosporobacter* 与 BHBA 水平显著正相关，R^2 达到 0.804 4（图 1-23）。*Saccharofermentans*、*Mogibacterium* 也是随机森林模型中确定的与时序标志菌属，它们与 NEFA 水平的相关性不再重复表示。

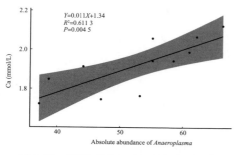

图 1-22　PTC 组中与 Ca 元素水平显著相关图的时间标志菌属

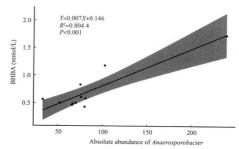

图 1-23　MTC 组中与 BHBA 水平显著相关的时间标志菌属

（三）讨论

本研究利用 Spearman 相关分析，建立了 PTC 组和 MTC 组后肠道优势菌属（相对丰度≥0.1%）与 GLU、BHBA、NEFA 和 Ca 元素水平的共现相关网络，在每个时间点筛选出了与 4 个指标具有显著关联（相关系数 r≥0.6，显著性水平 P<0.05）的菌属。围产期奶牛的营养需求、代谢状况会随着妊娠-分娩-泌乳的阶段变化而发生极大变化在这一时期奶牛后肠道菌群也发生了很大的波动。得出的共现相关网络只能表明在某一时间点有哪些菌属与上述指标存在关联，并不能体现时序特征。因此，对于 PTC 组和 MTC 组，将各时间点中与 GLU、BHBA、NEFA 和 Ca 元素水平相关联菌属的丰度值与对应指标值进行回归分析，探究在共现相关网络筛选出的菌属中，哪些与上述指标具有随时序变化的关联（筛选标准为相关系数 R^2≥0.6，显著性水平 P<0.05）。

在初产组中筛选出 *Saccharofermentans*、*Acetitomaculum*、*Fibrobacter*、*Mogibacterium*、*Mycoplasma*、*Intestinimonas*、*Paeniclostridium* 等 7 种与 NEFA 水平显著负相关的菌属。*Saccharofermentans* 属于拟杆菌门，参与半纤维素、果胶、阿拉伯半乳聚糖、淀粉、果聚糖和甲壳素的降解，其在 MTC 组中同样与 NEFA 表现出了强相关性；在前一节随机森林分析的结果中表明，*Saccharofermentans* 是重要性排在第五位的时序标志菌属，这些结论从不同方面都表明了其与 NEFA 水平的时序性关联。*Acetitomaculum* 可将碳水化合物降解为醋酸盐和丁酸盐，Kong 等在研究还原瘤胃保护赖氨酸（RPLys）对青年奶牛瘤胃发酵和微生物组成的影响时发现，赖氨酸减少会导致 *Acetitomaculum* 丰度降低。*Fibrobacter* 是瘤胃中的核心菌群，具有不同于其他细菌的纤维素酶系统，水解厌氧纤水解的效率更高，在纤维消化中起到关键作用，而纤维消化可为能够生产甲基化合物的细菌提供底物。Gomes 等研究肉牛瘤胃细菌多样性时发现 *Mogibacterium* 的含量与氮潴留呈负相关，其原因可能是 *Mogibacterium* 与通过瘤胃上皮壁的氨同化有关，在瘤胃中对氨的吸收发挥了作用，

Mogibacterium 也是随机森林模型所得出重要性排在第 4 位的时序标记菌属。在前一节中的研究发现，两组中 *Intestinimonas* 在 0～60d 中绝大多数时间点的丰度与 −21d 时的丰度差异显著，而在共现相关网络和回归分析中该菌又呈现出与 NEFA 的强相关性，我们有理由相信 *Intestinimonas* 在调节 NEFA 水平方面发挥了重要的功能；此外，Li 等在评估食用菌灰树花多糖（GFP）对患高脂血症和高胆固醇血症的大鼠脂质和胆固醇代谢的可能调节机制时发现，降低血清总甘油三酯、总胆固醇和 NEFA 水平可抑制肝脏脂质积聚和脂肪变性，而 *Intestinimonas* 与血清和肝脏脂质谱呈负相关，这也说明了 *Intestinimonas* 与 NEFA 水平之间的关联。

MTC 组中与 BHBA 水平具有显著正相关的菌属为 *Agathobacter* 和 *Bifidobacterium*，在一项评估食用菊糖对患有轻度便秘的健康成年人粪便菌群构成和代谢物特征的研究时发现，食用菊糖可同时引起 *Agathobacter* 和 *Bifidobacterium* 的增加；*Agathobacter* 可通过果聚糖代谢产生乳酸和其他代谢物，而这些代谢物又可通过交叉喂养被 *Agathobacter* 或其他生物体使用，最终微生物和有机体的含量决定了在竞争果聚糖等同一底物时哪些有机体富集。Yue 等对高糖饮食的大鼠进行了高通量 16S rRNA 测序和血清代谢组学分析，其研究表明在高糖饮食大鼠中添加茶褐素可抑制 *Tyzzerella* 的生长。Shi 等对妊娠晚期到产后的藏羚羊粪便菌群测序分析时发现，*Tyzzerella* 是与生殖状态显著相关的菌属。

将随机森林模型确定的时序标志菌属与 4 个指标进行回归分析时得出，PTC 组中 *Anaeroplasma* 与 Ca 元素水平显著正相关，Granado 等在研究高胆固醇血症（HC）患者的粪便菌群、SCFA 和胆汁酸（BA）谱的特征时发现，HC 患者 *Anaeroplasma* 丰度较低，且与胆固醇和甘油三酯相关的生物标记物，以及总胆固醇与高密度脂蛋白（HDL）的比率呈负相关，然而尚未发现 *Anaeroplasma* 与 Ca 元素水平相关联的直接研究结果。MTC 组中 *Anaerosporobacter* 与 BHBA 水平显著正相关，目前尚未发现 *Anaerosporobacter* 与代谢功能相关联的研究，但在对儿童多发性硬化症（MS）患者肠道菌群多样性与健康对照组比较时发现，*Anaerosporobacter* 丰度存在显著差异，而另一项对冠状动脉疾病患者和健康对照组进行肠道菌群对照研究也发现了 *Anaerosporobacter* 丰度产生了对数级的变化。

四、结论

（1）PTC 组、MTC 组后肠道菌群在群落物种数目、所涵盖的菌群种类数量等方面的时序变化类似，其中 0～21d 时的变化幅度比其他时间阶段大，且胎次会影响奶牛后肠道菌群的构成。在每个时间点，两组奶牛后肠道中变形菌门（Proteobacteria）、厚壁菌门（Firmicutes）、拟杆菌门（Bacteroidota）都是优势菌门，其中 Proteobacteria、Firmicutes 丰度明显高于其他菌，且在整个采样周期内变化稳定。奶牛后肠道具有产生短链脂肪酸（SCFA）、中链脂肪酸（MCFA）及参与糖脂代谢等功能的菌属（如 *Alistipes*、*Bifidobacterium*、*Intestinimonas* 等）时序变化特征明显。PTC 组和 MTC 组中大部分优势菌属在 30d 和 60d 时的丰度与 −21d 时丰度差异显著，且 MTC 组中丰度在其余时间点与 −21d 具有显著差异的优势菌属比 PTC 组丰富。随机森林模型筛选出的 17 个时序标记菌属都是肠道中常见的功能菌，解释度达 80.94%，它们与围产期奶牛各种生理功能的关联还需进一步挖掘。

（2）PTC 组与 MTC 组 GLU、BHBA、NEFA 水平在 7d、15d 差异显著（$P<0.05$），其中 GLU 水平在 0d 也差异显著（$P<0.05$）。共现相关网络中 *Romboutsia* 等 12 种菌属在两组中与 4 种血液指标关联，PTC 组中确定出 *Saccharofermentans*、*Acetitomaculum*、*Fibrobacter*、*Mogibacterium*、*Mycoplasma*、*Intestinimonas*、*Paeniclostridium* 7 种与 NEFA 含量显著负相关的菌属（$P<0.05$，$R^2 \geq 0.6$），以及 *Anaeroplasma* 与血钙含量显著正相关（$P<0.05$，$R^2 \geq 0.6$）；MTC 组中确定出 *Agathobacter*、*Bifidobacterium* 和

Anaerosporobacter 3 种与 BHBA 水平显著正相关的菌属（$P<0.05$，$R^2 \geqslant 0.6$），*Tyzzerella*、*Saccharofermentans* 2 种与 NEFA 水平显著相关的菌属（$P<0.05$，$R^2 \geqslant 0.6$），其中 *Tyzzerella* 为正相关，*Saccharofermentans* 为负相关，以上菌属在临床上可作为干预酮病和低血钙症的潜在标志菌群。

第二节　泌乳初期奶牛乳汁菌群多样性时序特征

一、泌乳初期奶牛乳汁菌群多样性的研究意义

据调查数据显示，牛奶约占我国市面上所销售奶类总分类的97%。人们对乳制品质量及乳汁中的菌群多样性的要求越来越严格。奶牛的母乳不仅是犊牛的营养来源，更是微生物生存繁殖的绝佳场所。相关调查研究发现，健康母畜的乳汁中均存在种类不同的微生物且有很高的丰富度，而在这些微生物中，大部分微生物群落可能与犊牛胃肠道的菌群来源有关，并与犊牛早期胃肠道菌群的建立及其诱导的免疫系统发育密切相关。也有专家认为牛乳中的微生物可能来源于许多外部因素，如牧场畜舍环境及乳头周围的皮肤及犊牛自身口腔中含有的，这些位置的微生物在犊牛吸乳的时候进入犊牛口腔，跟随已经存在的口腔中的微生物一起进入乳腺，形成乳腺微生物组。但在一些试验中，牛乳中已经发现并分离了一些严格的厌氧菌，如梭杆菌门（Fusobacteria）和拟杆菌门（Bacteroidota）等，而这些微生物的来源除了内源性途径外，在环境、乳头及皮肤表面存活的概率极低。因此，奶牛乳汁菌群的研究越来越受到重视，其时序特征及与乳成分的关联分析已成为一个新的研究方向。

（一）原料乳中微生物的研究进展

原料乳中营养丰富，微生物繁殖迅速，一些致病菌和腐败菌可能会直接影

响奶牛健康、牛奶卫生和保质期。一般来说，生牛乳中的微生物分为三大类：有益微生物、致病微生物和有害微生物。

原料乳中的主要有益微生物是乳酸菌，是一类能利用可发酵碳水化合物产生大量乳酸的细菌的统称，其主要菌属包括链球菌属、乳杆菌属和明串珠菌属，绝大部分都是人体内必不可少的菌群，能调节人体肠道菌群平衡。有研究利用高通量测序和传统培养方法发现，乳杆菌属和链球菌属是青藏高原牦牛乳中的优势菌属。酸奶是利用乳杆菌属中的保加利亚乳杆菌和嗜热链球菌交互作用产生酸乳所得。嗜酸乳杆菌也可刺激肠道产生分泌性球蛋白 A，调节肠道，保护健康。干酪乳杆菌用来生产面包、乳酸饮料和干酪。Abushelaibi 等进行了发酵测定和测序，以确定从生骆驼乳中分离出来的 6 株乳酸菌。结果显示，植物乳杆菌 KX 881779 和乳酸乳球菌 KX 881782 都有很好的发酵性能，可以对植物中的各种食物进行发酵。

致病微生物是指能够引起人类、动物和植物致病的微生物，也称病原体。致病微生物指、真菌、细菌、螺旋体、支原体、立克次体、衣原体、病毒等。沙门氏菌、阪崎杆菌、李斯特菌、志贺氏菌、金黄色葡萄球菌、布鲁氏菌、结核杆菌、无乳链球菌等是原料乳中较为常见的致病菌。Riffon 等根据牛奶样本的测序和奶牛的感染途径，提出了接触和环境传播的建议。也就是说，接触性感染主要是由奶桶、乳房中金黄色葡萄球菌和乳腺链球菌引起的。环境感染主要是大肠杆菌、乳房链球菌、停乳链球菌和副乳链球菌引起的，主要由牛粪、牛只、奶桶和人的侵入引起的。Vincenzina Fusco 等使用实时荧光定量 PCR 检测出生牛乳中含有肠毒素基因组的金黄色葡萄球菌，这可能与乳腺炎的交叉污染有关。Wafa Masood 等应用实时荧光定量 PCR 检测生牛乳中是否存在李斯特菌、大肠杆菌和金黄色葡萄球菌。由此可见，病原体大量存在于生牛乳和与生牛乳接触的环境中。

有害微生物主要是指嗜冷菌，也被称为腐败菌，适合生长在 15～20℃ 的生牛乳或低温的环境中，常见有假单胞菌、黄杆菌、耶氏菌、产碱杆菌和李斯特菌。在贮存过程中，大部分嗜冷菌可以产生脂肪酶和蛋白酶，因为其具有热稳定性，导致其不受巴氏消毒的影响，可以经高温短时灭菌后仍有活性，分解脂肪和蛋白质，影响乳品风味和质量。任静等通过试验筛选出的最主要的菌株是腐臭假单胞菌、小球诺卡氏菌、粪鞘脂杆菌和恶臭假单胞菌。在一项类似的研究中，Raats等研究了冷却过程中原奶中的细菌菌落的形成情况，发现从农场挤奶到原奶加工的冷却期间，乳房蛋白细菌是最主要的细菌群，特别是假单胞菌属。吕元的发现与之不同，主要的优势细菌被确定为荧光假单胞菌、铜绿假单胞菌和阪崎肠杆菌。显然，除了这些细菌，生牛乳中还有其他主要的微生物群。这些细菌包括大肠菌群、丙酸杆菌、丁酸杆菌和微球菌。除细菌外，生牛乳还含有其他微生物，如酵母菌、霉菌和放线菌，以及噬菌体和未知的微生物种群。

（二）母乳中微生物的研究进展

母乳含有复杂的微生物群。随着微生物培养和分子测序技术的发展，越来越多的奶源微生物被分离和鉴定出来。研究表明，不同来源的母乳中的微生物在门层面上主要以厚壁菌门、变形菌门、拟杆菌门和放线菌门为主。在属的层面上，不同来源的母乳中的微生物有明显的差异。葡萄球菌属、链球菌属和棒状杆菌属在人乳中占主导地位，在牛乳中占主导地位的是不动杆菌属、乳球菌属和假单胞菌属，羊乳中主要是肠球菌属、不动杆菌属和假单胞菌属，而猪乳中占主导地位的是厚壁菌门、变形菌门和放线菌门。这表明不同来源的母乳是高度多样化的，有不同且多样的微生物菌群。

母乳的微生物成分受多种因素影响，包括母乳的类型、母体的生理状态、分娩次数、抗生素和其他药物的使用以及母乳的来源。母乳通常根据分泌的时间分为初乳（哺乳期第0～5天）、过渡乳（第6～13天）和成熟乳（第14天以后）。初乳的许多营养物质和免疫活性成分比成熟乳汁更丰富，这些乳汁成分的差异影响着母乳中微生物的结构和多样性。以前通过使用变性浓缩梯度凝胶电泳（PCR-DGGE）的研究表明，初乳中的微生物多样性高于成熟乳。最近使用高通量测序的研究表明，成熟乳中的微生物多样性要高于初乳。这表明，乳汁的类型可能影响微生物群的组成。

乳腺炎可能会增加母乳中微生物菌群的多样性。除了潜在的益生菌，如加氏乳菌属（*Lactobacillus gasseri*）、双歧杆菌属（*Bifidobacterium*）和唾液链球菌属（*Streptococcus salivarius*）外，来自乳腺炎患者的乳汁中还含有潜在的致病菌，如表皮葡萄球菌、金黄色葡萄球菌和大肠杆菌。抗生素和药物的使用减少了母乳中双歧杆菌、乳酸杆菌和葡萄球菌的存在，同时也减少了乳汁中的微生物多样性。此外，在不同来源的母乳中发现了微生物成分的显著差异而母乳中的微生物组成在不同物种之间是相似的。然而 Murphy 等证明，母乳中的微生物组成也受到个体差异的影响，一些微生物的相对丰度并不稳定，而且不同哺乳期的相对丰度也有明显差异。

母乳在新生儿免疫系统的发育和成熟中起着重要作用，母乳中含有的微生物也发挥着重要作用。母乳中的肠相关菌属包括双歧杆菌属、拟杆菌属、肠杆菌属和乳酸杆菌属，它们在婴儿肠道菌群的定植、免疫系统的形成和消化道发育的调节中发挥着重要作用。Cabrera 等指出，母乳中的微生物是婴儿肠道菌群的第一个来源，这些微生物（尤其是初乳中的微生物）最终可能在后代的肠道中定植。另外，乳汁微生物的代谢物也影响后代肠道菌群的菌落形成；Urbaniak 等发现，乳汁中细菌群落的变化不可避免地导致微生物代谢物的变化，其代谢产物选择能够利用它的细菌，抑制或促进肠道中某些菌落的形成。

健康的母乳可能是肠道益生菌的来源，这些益生菌在后代的肠道中竞争营养，在后代的肠道菌群中占据菌落形成点，保护婴儿不受致病菌的影响，抑制外来病原体的生长和繁殖。双歧杆菌属、乳酸杆菌属和乳球菌属有助于后代肠道屏障、黏膜免疫系统的发展，和肠道相关淋巴组织的成熟。母乳中的微生物在维护子代的胃肠健康方面发挥着重要作用，如加氏乳杆菌、唾液乳杆菌、路氏乳杆菌、发酵乳杆菌和短双歧杆菌等从母乳中分离出来的细菌，可调节肠道菌群结构，帮助确保肠道健康和稳定。一般来说，母乳中的微生物在促进子代肠道菌群的菌落形成、调节免疫系统的功能和保护胃肠道健康方面发挥着重要作用。但母乳中的微生物是来自外部污染还是来自母体内部，目前仍不清楚，需要进一步研究。

（三）高通量测序技术在研究牛乳菌群多样性中的进展

于国萍等利用高通量测序技术分析了黑龙江省 14 个农场的生牛乳中的微生物多样性，结果显示，生牛乳的微生物多样性在不同的农场有很大的差异，肠球菌属、芽孢杆菌属、不动杆菌属和乳球菌属是主要的菌属，在一些样本中还检测到金黄色葡萄球菌和志贺氏菌。Xin Liang 等的研究结果不同，他们发现不同地区的荷斯坦牛乳中铜绿假单胞菌的结构是不同的，并且在冷却过程中发生变化。在一项更全面的研究中，Vacheyrou 等使用 16S 测序法研究从牛舍到牛乳的微生物转移，并使用来自挤奶厅、乳头表面、干草和牛乳的不同采样来源研究了 16 个法国农场的牛乳微生物组成，对奶酪制作有用的乳酸菌也在牛乳和乳头表面被检测到。Li 等使用高通量测序技术研究冷却条件是否影响生牛乳中主要细菌菌群的变化，原乳在 1~4℃ 的低温下储存，无间隔地检测到细菌菌群的变化，最终结果显示乳酸球菌和链球菌在冷藏的前一天占据主导地位，假单胞菌属和不动杆菌属在冷藏的第 3 天左右成为主导菌群。Doyle 等的研究表明，生牛乳的微生物菌群组成在不同温度储存下没有变化，但 γ-变形菌除外，其在 6℃ 冷却 5d 后有所增加。同样，该研究还表明，泌乳期与微生物菌群的组成之间有很强的相关性，特别是在泌乳中后期，冷却时间和温度与原奶中微生物菌群的分布差异呈正相关。

目前还没有关于水牛奶微生物多样性的报告，利用高通量测序技术对水牛奶的基因组数据库测定及水牛奶的微生物群的解析结果很少，研究人员仍在用常规培养法研究水牛奶的微生物组成。谢芳等利用常规培养、分离和纯化方法，从三品杂交水牛的牛乳中共分离出 105 个乳酸菌，再通过生理生化试验以及 16S rRNA 测序分析表明，这些乳酸菌被分为 5 个属 8 个种，种类非常多，其中乳球菌、乳杆菌、明串乳菌、魏斯氏菌和链球菌依次为优势菌属。然而，这种传统的培养方法不足以了解水牛奶中的微生物区系，需要通过高通量测序来系统地揭示水牛奶中微生物区系的结构和多样性。

（四）牛乳中菌群在时序及胎次等方面的特异性

母乳中富含大量促进肠道健康的细菌，包括乳酸杆菌属（*Lactobacillus*）、双歧杆菌属（*Bifidobacterium*）等，可影响肠道黏蛋白的产生、黏膜渗透性、T 细胞平衡和抑制黏膜炎症，对子代免疫系统中针对食物抗原、病原体和共生细菌等功能的建立至关重要。随着人们对牛乳中微生物的深入认识，初乳中微生物构成得到了越来越多的关注。与常乳相比，初乳具有更丰富的微生物群落，这些微生物可能是犊牛胃肠道菌群的早期来源，可促进犊牛胃肠道菌群的建立，诱导其免疫系统发育。

泌乳阶段和胎次是乳汁中微生物构成产生差异的两个因素。初乳是免疫球蛋白（IgG）的来源，产前 IgG 在乳汁中积累，产后乳汁中 IgG 迅速下降，一些代谢物如乳寡糖也随之显著降低，初乳中这些免疫成分和代谢物的变化使得初乳转变为常乳，在这个过程中常常伴随着乳汁中微生物区系的改变。不同胎次的奶牛初乳菌群结构显著不同，初产牛比经产牛初乳菌群更丰富，其中厚壁菌门（Firmicutes）丰度相对较高，而经产奶牛初乳中梭杆菌门（Clostridium）丰度更高。通过对加拿大某牛群进行分析发现，产色葡萄球菌（*Staphylococcus chromogenes*）和模仿葡萄球菌（*Staphylococcus simulans*）在初产奶牛中更常见，而表皮葡萄球菌（*Staphylococcus epidermidis*）在经产牛乳中更普遍。此外，奶牛在不同泌乳阶段的乳蛋白率变化很大。乳蛋白率在产后 30d 较高，在泌乳期第 31～60 天降至最低，从泌乳的第 60 天开始到第 300 天，乳蛋白率一直升高直至干奶。

二、泌乳初期奶牛乳汁菌群时序多样性分析

（一）材料与方法

1. 试验时间与地点

本试验于 2019 年 10 月至 2020 年 3 月在五大连池市金澳牧场进行。

2. 试验设计

本试验选取奶牛场体型相似、月龄相近的健康产犊初产母牛（MT）和经产母牛（2～3 胎）（MJ）各 12 头开展试验，采取全程随机试验设计，根据试验采样指标条件，最终进行过滤后选取 6 头初产荷斯坦母牛和 6 头经产荷斯坦母牛的乳汁样本开展试验。分别在生产当天（0d）以及产后第 3 天、5 天、7 天、15 天、21 天、30 天、60 天获取母牛的乳汁样本，试验结束时共得到 93 个荷斯坦母牛乳汁样本（其中 3 份污染的样本被剔除）分组情况相关符号说明见表 1-8。

表 1-8 分组情况

组别	组名	时间点
MT 组	MTA 组	0d
	MTB 组	3d
	MTC 组	5d
	MTD 组	7d
	MTE 组	15d
	MTF 组	21d
	MTG 组	30d
	MTH 组	60d
MJ 组	MJA 组	0d
	MJB 组	3d

（续）

组别	组名	时间点
MJ 组	MJC 组	5d
	MJD 组	7d
	MJE 组	15d
	MJF 组	21d
	MJG 组	30d
	MJH 组	60d

3. 日粮配方

泌乳期奶牛日粮成分和营养水平见表 1-9。

表 1-9　泌乳期奶牛日粮成分和营养水平

日粮成分	占比（%）	营养水平	数值	单位
玉米青贮	36.83	干物质（DM）	52.12	%
压片玉米	2.29	产奶净能（NEL）	29.30	MJ/kg
紫花苜蓿	4.19	粗蛋白（CP）	18.21	%
紫花苜蓿青贮	4.86	粗脂肪（EE）	4.55	%
高湿玉米青贮	16.54	中性洗涤纤维（NDF）	30.18	%
过瘤胃豆粕	1.38	酸性洗涤纤维（ADF）	19.72	%
棉籽	5.49	灰分（Ash）	5.24	%
干酒糟及其可溶物	4.41	钙（Ca）	0.64	%
酒糟	11.49	磷（P）	0.42	%
豆粕	4.32			
棉籽蛋白	1.28			
大豆壳	3.45			
棉籽粕	0.75			
预混料	1.12			
石灰石	0.6			
盐	1			
总计	100			

4. 饲养管理

两组奶牛饲养方式相同，自由饮水。

5. 样本采集

按照常规挤乳灭菌程序对每头奶牛进行灭菌收集试验样本 50mL 后，放入附有冷藏冻箱的保温桶内，及时返回实验室，将样本置于超低温（−80℃）冰箱中封存备用。

6. DNA 提取

严格控制消毒工作场所的取样和保存环境。采用 CTAB 法对样本的基因组 DNA 进行提取，通过琼脂糖凝胶电泳检测 DNA 的纯度和浓度，将离心管中适量的样本 DNA 用无菌水稀释至 1ng/μL。吸取 1 000uL CTAB 裂解液至 2.0mL EP 管，加入 20μL 溶菌酶，将适量的样品加入裂解液中，65℃水浴（2h），期间颠倒混匀数次，以使样品充分裂解。离心取 950μL 上清液，加入与上清液等体积的酚（pH 8.0）：氯仿：异戊醇（25∶24∶1），颠倒混匀，12 000r/min 离心 10min。取上清液，加入等体积的氯仿：异戊醇（24∶1），颠倒混匀，12 000r/min 离心 10min。吸取上清液至 1.5mL 离心管里，加入上清液 3/4 体积的异丙醇，上下摇晃，−20℃沉淀。12 000r/min 离心 10min 倒出液体，用 1mL 75%乙醇洗涤 2 次，剩余的少量液体可再次离心收集，然后用枪头吸出。超净工作台吹干或者室温晾干，加入 51μL ddH_2O 溶解 DNA 样品，加 RNase A 1μL 消化 RNA，37℃放置 15min。之后利用琼脂糖凝胶电泳检测 DNA 的纯度和浓度，取适量的样品于离心管中，使用无菌水稀释样品至 1ng/μL。将分离的 DNA 保存在−20℃，待处理。

7. PCR 扩增

以稀释后的基因组 DNA 为模板，使用带 Barcode 的特异引物 515F-806R，使用 New England Biolabs 公司的 Phusion® High-Fidelity PCR Master Mix with GC Buffer 作为酶和缓冲液进行 PCR 扩增，98℃预变性 1min，PCR 产物利用 2%浓度的琼脂糖凝胶进行电泳检测。

8. PCR 产物的混样和纯化

根据 PCR 产物浓度进行等浓度混样，充分混匀后使用 1×TAE 浓度 2% 的琼脂糖胶电泳纯化 PCR 产物，选择主带大小在 400~450bp 之间的序列，割胶回收目标条带。产物纯化试剂盒采用 GeneJET 胶回收试剂盒（Thermo Scientific 公司）。

9. 乳成分的测定

荷斯坦母牛乳汁中的蛋白质的百分含量、脂肪的百分含量和尿素氮的百分含量采用乳成分自动分析仪测定。

10. 文库构建和上机测序

应用 TruSeq DNA PCR-Free Sample Preparation Kit 建库试剂盒建立文库，并在获得 Qubit 和 Q-PCR 定量结果后，通过 NovaSeq6000 平台完成测序。

11. 序列分析

从已处理过的信息中拆分出各样本数量，再通过使用 FLASH 获取原始 Tags 数量；利用 QIIME 1.9.1 软件对原始 Tags 资料实行质控，使用物种注释数据库对 Tags 序列实行比对检测，获得有效数据。利用 Uparse 7.0.1001 软件，按照 97% 的相似性对非重复序列实行 OTU 聚类，并对其 OTU 分析中出现频数最高的代表序列从门到属开展微生物多样性的分析。利用 Mothur 方法与 SILVA132 的 SSUrRNA 数据库进行物种注释，MUSCLE（V3.8.31）软件进行快速多序列比对，最后以样本中数据量最少的为标准进行均一化处理。

12. 统计分析

利用 SPSS23.0 分析研究样品的 Shannon 系数、Chao1 系数和 Observed_species 系数，并用 wilcox 秩和检验对结果进行了差异显著性定量分析，并评价微生物种类的多样性，$P \geqslant 0.05$ 为差异不显著，$P < 0.05$ 为差异显著，$P < 0.01$ 为差异极显著。通过 Unweighted Unifrac 距离方法实现主坐标研究（PCoA），主要研究在各种样本模型间的区系的空间结构差异。默认选择 LDA

Score 的最大检索值为 4，并对菌群进行多级生物差异判断与分析（LEfSe）。并计算优势菌属间以及微生物与乳成分间的皮尔逊等级相关系数（Person Rank-order Correlation Coefficients），并用 R 绘制微生物间的网络图和微生物与乳成分的关系热图。使用 Tax4Fun 方法对母牛进行代谢功能的预测，通过基于最小 16S rRNA 序列相似度的最近邻居法实现的，其具体做法为提取 KEGG 数据库原核生物全基因组 16S rRNA 基因序列并利用 BLASTN 算法将其比对到 SILVA SSU Ref NR 数据库（BLAST bitscore＞1 500）建立相关矩阵，将通过 UProC 和 PAUDA 两种方法注释的 KEGG 数据库原核生物全基因组功能信息对应到 SILVA 数据库中，实现 SILVA 数据库功能注释。测序样品以 SILVA 数据库序列为参考序列聚类出 OTU，进而获取功能注释信息。

（二）结果与分析

1. 样本测序量说明

在筛选出的 12 头荷斯坦母牛产后乳汁 93 个样品（其中有 3 个被污染样品出自 MT 组已被剔除）中产生了 18 292 893 条原始读码。将试验中产生的有效数据，以 97% 的一致性进行 OTU 聚类分析。如图 1-24 显示，稀释曲线从开始快速增长到逐渐稳定，表明测序结果有说服性，也侧面反映了本试验中荷斯坦母牛乳汁样本中微生物的丰富度，但当测序量逐渐增加时不会产生更多新 OTUs。如图 1-25 显示，等级聚类曲线显示出所测样品菌群的丰富性与均匀性，其横向轨迹反映了种类的丰富性。结果表明，本试验中荷斯坦母牛的乳汁菌群的丰富性较高，亦即从 0～60d，乳汁中的菌组种类较丰富且种群结构也逐渐趋于稳定；坐标系纵轴方向的曲线渐进而平缓，说明菌群的分布均匀。

2. 泌乳初期奶牛乳汁菌群 Alpha 多样性的时序分析

泌乳初期奶牛乳汁菌群在不同时间点的 Alpha 多样性存在显著差异（$P<0.05$）。如表 1-10 和图 1-26 所示，通过 Observed_species 指数可知，在 0～3d

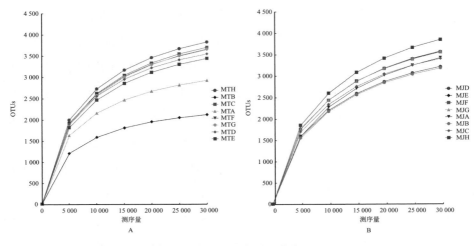

图 1-24 样本稀释曲线

A. MT 组；B. MJ 组

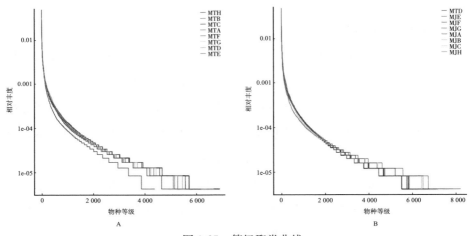

图 1-25 等级聚类曲线

A. MT 组；B. MJ 组

之间呈下降趋势，3~5d 呈上升趋势，5~15d 呈下降趋势，随后在 15~60d 之间呈逐渐上升趋势。其中 Observed_species 指数在泌乳 0d、3d 和 5d 时之间相比显著差异（$P<0.05$），在泌乳 5~60d 之间的变化不显著（$P \geqslant 0.05$），乳汁菌群的物种种类在泌乳 5d 和 60d 时较高，而在泌乳 3d 时最低。通过 Chao1 指

数可知，在泌乳 0～3d 时显著下降，3～5d 时显著上升，5～7d 时呈下降趋势，随后在泌乳 7～60d 持稳定上升趋势，在泌乳 0d、3d 和 5d 之间相比显著差异（$P<0.05$），在泌乳 5～60d 之间的变化不显著（$P\geqslant 0.05$），乳汁菌群的物种数目在泌乳 5d 和 60d 时较高，而在泌乳 3d 时最低。通过 Shannon 指数分析可知，在泌乳 0～3d 之间呈下降趋势，在泌乳 3～5d 之间呈上升趋势，在泌乳 5～60d 之间维持稳定平缓变化，在泌乳 0d 和 3d 之间相比显著差异（$P<0.05$），乳汁菌群的丰富度和均匀度在泌乳 5～60d 之间时较高，而在泌乳 3d 时最低。通过 Observed_species、Chao1 和 Shannon 指数分析可知，初乳阶段（0～7d）的菌群多样性呈波动性变化，而在常乳阶段（15～60d）之后逐渐趋于稳定，并且常乳阶段的 Alpha 多样性高于初乳阶段，即初产荷斯坦奶牛乳汁菌群在常乳阶段具有较高的丰富度和均匀度。

表 1-10　荷斯坦奶牛乳汁菌群各时间点平均 Alpha 多样性指数

组别	时间点	Observed_species 指数	Shannon 指数	Chao1 指数
MTA 组	0d	2 838.75	8.60	3 992.27
MTB 组	3d	2 108.50	7.56	3 030.38
MTC 组	5d	3 709.00	9.24	5 806.28
MTD 组	7d	3 540.75	9.40	5 337.81
MTE 组	15d	3 447.00	9.27	5 465.73
MTF 组	21d	3 644.00	9.29	5 602.55
MTG 组	30d	3 657.50	9.36	5 763.68
MTH 组	60d	3 832.50	9.36	5 982.29
MJA 组	0d	4 096.67	9.23	6 810.37
MJB 组	3d	3 377.33	8.74	5 789.13
MJC 组	5d	3 193.00	9.43	5 134.45
MJD 组	7d	3 156.33	9.09	5 255.77
MJE 组	15d	3 546.50	9.54	5 541.66
MJF 组	21d	3 533.00	9.49	5 701.25
MJG 组	30d	3 541.50	9.37	5 836.30
MJH 组	60d	3 821.00	9.36	6 267.55

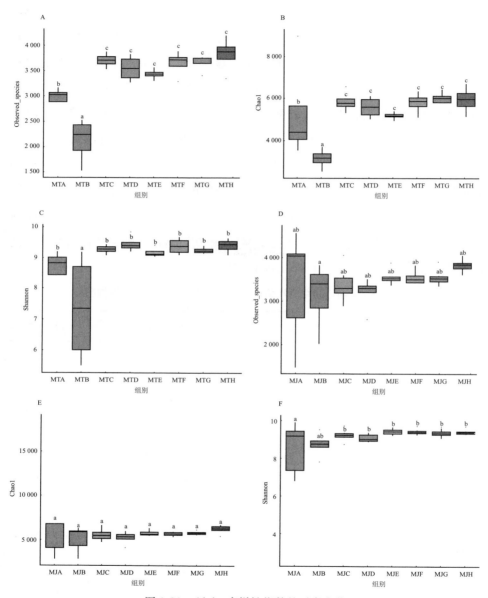

图 1-26　Alpha 多样性指数的时序变化

A~C. MT 组 Observed_species、Chao1、Shannon 多样性指数；D~F. MJ 组 Observed_species、Chao1、Shannon 多样性指数

如表 1-10 和图 1-26 所示，通过 Observed_species 指数可知，经产荷斯坦奶牛乳汁菌群物种丰富度在泌乳前 7d 呈波动性变化，在 0～3d 之间呈下降趋势，3～5d 呈上升趋势，5～7d 呈下降趋势，在泌乳 7～15d 呈上升趋势，随后在泌乳 15d 后逐渐趋向稳定，其中 Observed_species 指数在泌乳 3d 和 60d 时显著差异（$P<0.05$），在其他泌乳阶段均变化不显著（$P \geqslant 0.05$），乳汁菌群的物种种类在泌乳 60d 时最高，而在泌乳 3d 时最低；通过 Chao1 指数可知，在泌乳 0～3d 之间呈下降趋势，3～5d 呈上升趋势，5～7d 呈下降趋势，在泌乳 7d 后随时间的增长而增长，其变化趋势均不显著（$P \geqslant 0.05$），乳汁菌群的物种数目在泌乳 0d 时最高，在泌乳 3d 时最低；通过 Shannon 指数分析可知，在泌乳 0～5d 时呈上升趋势，5～7d 时呈下降趋势，7～15d 时呈上升趋势。在泌乳 15d 之后趋向稳定变化，其中 Shannon 指数在泌乳 0d 时与泌乳 5～60d 之间显著差异（$P<0.05$），泌乳 5～60d 之间变化不显著（$P \geqslant 0.05$），乳汁菌群的丰富度和均匀度在泌乳 15d 和 21d 中较高，而在泌乳 0d 时最低。

通过 Observed_species、Chao1 和 Shannon 指数分析可知，初乳阶段（0～7d）的菌群多样性呈波动性变化，而在常乳阶段（15～60d）之后逐渐趋于稳定，并且常乳阶段的 Alpha 多样性高于初乳和过渡乳阶段，即荷斯坦奶牛乳汁菌群在成熟乳阶段具有较高的丰富度和均匀度。

3. 泌乳初期奶牛乳汁菌群 Beta 多样性的时序分析

试验使用了基于 Unweighted Unifrac 距离法来实现主坐标分析（PCoA）的方式，来评估荷斯坦奶牛不同泌乳阶段乳汁菌群变化的动态过程。如图 1-27A 所示，初产荷斯坦奶牛乳汁菌群聚为两类。第一主成分对样本差别的贡献值为 15.26%，第二主成分对样本差别的贡献值为 6.53%。泌乳 7d 时的个体聚集水平最高，说明泌乳 7d 时的组内相似性较其他样本种类都高。泌乳 0d 和泌乳 3d 聚为一类，且二者与其他泌乳阶段的样本距离较远。由此可见，泌乳 0d 和 3d 的相似性与其他样本种类不接近，说明在泌乳 0d 和 3d 具有特定的微生物区系，且结构相似。泌乳 5～60d 的位点功能相同且聚为一类，集中程度比泌乳 0～3d 集中，说明泌乳 5～60d 中的乳汁菌群种类接近，且结构相似。由此可见，初产荷斯坦奶牛不同泌乳阶段乳汁菌群结构存在差异，其中初乳前期阶段的菌群结构组成较为相似，而常乳阶段不同时间点菌群结构组成较为相似，也表明初产荷斯坦奶牛的乳汁菌群随时间的变化而变化。

如图 1-27B 所示，经产荷斯坦母牛乳汁菌群在不同泌乳阶段聚为两类。第一主成分对样本差别的贡献值为 12.16%，第二主成分对样本差别的贡献值为 6.68%。泌乳 15d 时的个体聚集水平最高，说明泌乳 15d 时的组内相似性较其他样本种类都高。泌乳 0d 和泌乳 3d 聚为一类，泌乳 0d 的样本与泌乳 5～60d 的样本距离较远。由此可见泌乳 0d 的相似性与其他样本种类不接近，说明在泌乳 0d 具有特定的微生物区系。泌乳 3～60d 的位点功能相同且聚为一类，集中程度比泌乳 0～3d 集中，说明泌乳 3～60d 中的乳汁菌群种类接近，且结构相似。但泌乳 3d 与两个聚集体均有交集。说明泌乳 3d 与其他泌乳阶段均有相同的微生物区系，且结构相似。由此可见，经产荷斯坦奶牛不同时间点乳汁菌

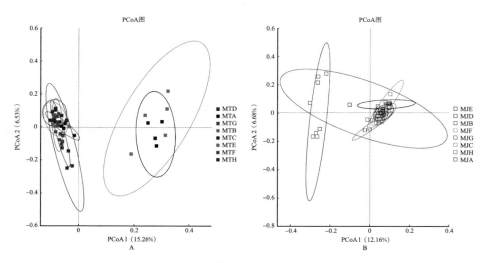

图 1-27 荷斯坦奶牛乳汁菌群的 Beta 多样性指数的时序变化
A. MT 组；B. MJ 组

群的结构存在差异,其中初乳阶段的菌群结构组成较为相似,而常乳阶段的菌群结构组成较为相似,且与常乳阶段的菌群结构差异较大,也表明经产荷斯坦奶牛的乳汁菌群随时间的变化而变化。

4. 泌乳初期奶牛乳汁菌群群落组成的时序分析

在门水平,对本试验所得的相关有效序列做出了生物标注和统计分析(图1-28、图1-29、表1-11和表1-12),将相对丰度大于0.5%的菌门定义为优势菌门。结果表明,对于初产荷斯坦奶牛,乳汁菌群在每个时间点中的优势菌门为变形菌门(Proteobacteria)、厚壁菌门(Firmicutes)、拟杆菌门(Bacteroidota)和放线菌门(Actinobacteria)。但Halobacterota在0d是优势菌门,在其他时间点并非优势菌门。蓝藻门(Cyanobacteria)在7d和15d为非优势菌门,在其他时间点均为优势菌门。脱硫菌门(Desulfobacterota)除0d、3d、15d和21d以外,在其余时间点为优势菌门。变形菌门(Proteobacteria)的相对丰度在泌乳0~5d时逐渐上升,从泌乳0d的最低相对丰度28.907%升至5d时相对丰度最高,为37.179%。其相对丰度在泌乳7~60d后呈波动性变化,由泌乳7d时的33.076%升至36.841%(泌乳15d),在泌乳21d时又降至31.692%,随后在泌乳30d时升至36.673%,最后在泌乳60d时又降至31.423%。厚壁菌门(Firmicutes)的相对丰度在整个泌乳阶段呈波动变化,由泌乳的0d的28.909%降至最低相对丰度22.488%(泌乳3d),在泌乳3~7d之间呈上升趋势,在7d时相对丰度最高,为35.357%,在泌乳15d时降至30.431%,在泌乳21d时又升至33.005%,在泌乳30d时降至26.719%,最后在泌乳60d时升至33.991%,且泌乳后期的相对丰度高于泌乳前期。拟杆菌门(Bacteroidota)的相对丰度由泌乳的0d的16.768%升至最高相对丰度30.818%(泌乳3d),在泌乳5~60d之间维持在11.042%~14.499%,呈稳定变化趋势并逐渐趋于平缓,并且泌乳前期的相对丰度高于泌乳后期。放线菌门(Actinobacteria)的相对丰度由泌乳0d的5.294%降至泌乳3d的3.613%,随后在泌乳3~30d随泌乳时间的增长而逐渐增长(由

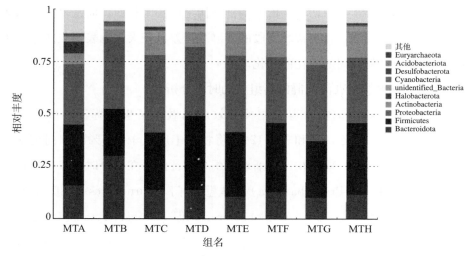

图 1-28 初产奶牛乳汁菌群优势菌门随时间变化的规律

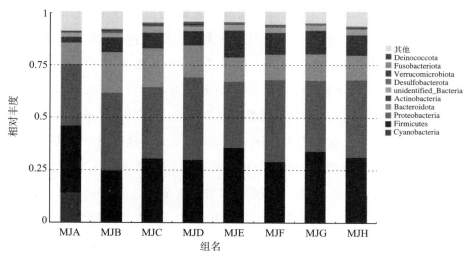

图 1-29 经产奶牛乳汁菌群优势菌门随时间变化的规律

3.613%增长至 15.369%），在泌乳 30d 时其相对丰度最高，为 15.369%，在泌乳 60d 时又降至 12.391%，其泌乳后期的相对丰度高于泌乳前期，整体呈上升趋势。Halobacterota 在 0d 时，其相对丰度最高，为 5.692%，但在其他泌乳时间内相对丰度均较低。蓝藻门（Cyanobacteria）在泌乳 0d 时的 0.979%

表 1-11　初产奶牛乳汁菌群各时间点优势菌门平均相对丰度

（单位：%）

菌门	MTA	MTB	MTC	MTD	MTE	MTF	MTG	MTH
Bacteroidota	16.768	30.818	14.487	14.499	11.495	13.530	11.042	12.528
Firmicutes	28.909	22.488	27.258	35.357	30.431	33.005	26.719	33.991
Proteobacteria	28.907	34.324	37.179	33.076	36.841	31.692	36.673	31.423
Actinobacteria	5.294	3.613	9.358	7.250	12.105	12.363	15.369	12.391
Halobacterota	5.692	0.013	0.000	0.000	0.000	0.005	0.000	0.001
Cyanobacteria	0.979	1.974	0.596	0.451	0.433	0.922	0.721	1.028
unidentified_Bacteria	2.172	1.443	2.297	2.558	2.115	2.316	2.215	2.283
Desulfobacterota	0.344	0.183	1.384	0.755	0.436	0.472	0.536	0.560
Acidobacteriota	0.498	0.275	0.179	0.129	0.117	0.121	0.158	0.177
Euryarchaeota	0.055	0.199	0.014	0.018	0.004	0.021	0.009	0.021
其他	10.382	4.669	7.249	5.908	6.025	5.554	6.558	5.599

表 1-12　经产奶牛乳汁菌群各时间点优势菌门平均相对丰度

菌门	MJA	MJB	MJC	MJD	MJE	MJF	MJG	MJH
Proteobacteria	29.185	36.868	33.699	39.133	31.556	38.824	33.582	36.709
Firmicutes	31.580	24.031	30.137	29.469	35.312	28.462	33.594	30.276
Bacteroidota	10.428	19.263	18.594	15.349	11.444	11.981	12.665	11.804
Actinobacteria	2.745	7.317	7.711	6.983	13.023	10.672	11.451	9.812
Cyanobacteria	14.474	0.829	0.501	0.437	0.318	0.755	0.451	0.883
unidentified_Bacteria	1.884	1.965	2.619	1.888	2.468	2.222	2.175	2.486
Desulfobacterota	0.482	0.965	0.744	0.904	0.504	0.571	0.452	0.722
Verrucomicrobiota	0.523	0.649	0.699	0.759	0.288	0.314	0.294	0.343
Deinococcota	0.068	0.241	0.309	0.289	0.305	0.517	0.264	0.284
Fusobacteriota	0.108	0.219	0.134	0.353	0.174	0.169	0.137	0.205
Others	8.524	7.652	4.851	4.436	4.609	5.513	4.937	6.476

升至最高相对丰度 1.974%（泌乳 3d），在泌乳 5d 时降至 0.596%，在泌乳 5~15d 之间整体呈稳定状态波动变化，在泌乳 21d 时升至 0.922%，在泌乳 30d 时降至 0.721%，随后在泌乳 60d 时上升至 1.028%，其泌乳前期的相对丰度高于泌乳后期。脱硫菌门（Desulfobacterota）的相对丰度在泌乳 5d 时最高，为 1.384%，整体变化趋势由 0d 时的 0.344%下降至 3d 的 0.183%，随后上升至 5d 的 1.384%，在泌乳 7d 时降至 0.755%，而在泌乳的 15~60d 中稳定在 0.436%~0.560%。

对于经产奶牛，乳汁菌群在每个时间点中的优势菌门为变形菌门（Proteobacteria）、厚壁菌门（Firmicutes）、拟杆菌门（Bacteroidota）和放线菌门（Actinobacteria）。但蓝藻门（Cyanobacteria）在泌乳 0d、3d、5d、21d 和 60d 时是优势菌门，其他时间并非优势菌门；脱硫菌门（Desulfobacterota）在泌乳 0d 和 30d 并非优势菌门，但在其他时间均为优势菌门；疣微菌门（Verrucomicrobiota）在泌乳前期中的 0d、3d、5d 和 7d 时是优势菌门，其他时间并非优势菌门；Deinococcota 只在泌乳 21d 时是优势菌门，其他时间并非优势菌门。变形菌门（Proteobacteria）的相对丰度在整个泌乳阶段呈波动变化，泌乳 0d 时其相对丰度相对较低，为 29.185%，在泌乳 3d 时升至 36.868%，在泌乳 5d 时降至 33.699%，并在泌乳 7d 时升至 39.133%的最高相对丰度，泌乳 15d 时又降至 31.556%，在泌乳 21d 时升至 38.824%，在泌乳 30d 时降至 33.582%，随后持续稳定上升。厚壁菌门（Firmicutes）的相对丰度在整个泌乳阶段呈波动变化，由泌乳 0d 时的 31.580%降至 24.031%（泌乳 3d），随后在泌乳 5~7d 其相对丰度稳定在 29.469%~30.137%，但在泌乳 15d 时升至 35.312%的最高相对丰度，在泌乳 21d 时降至 28.462%，泌乳 30d 时又升至 33.594%，随后保持稳定下降。由此可见，变形菌门（Proteobacteria）和厚壁菌门（Firmicutes）的相对丰度变化趋势恰恰相反。拟杆菌门（Bacteroidota）在泌乳 3d 时的相对丰度最高，为 19.263%，其变化趋势从泌乳 0d 的 10.428%升至相对丰度最高的 19.263%（泌乳 3d），随后其相对丰度持续下降并在泌乳第 15 天后趋于稳定在 11.444%～12.665%，由此可见，拟杆菌门（Bacteroidota）的相对丰度在泌乳前期高于泌乳后期。放线菌门（Actinobacteria）在泌乳后期的相对丰度高于泌乳前期，其相对丰度由泌乳 0d 的 2.745%升至 13.023%的最高相对丰度（泌乳 15d），随后在泌乳 21d 之后趋于平缓，稳定在 9.812%～11.451%。蓝藻门（Cyanobacteria）在泌乳前期的相对丰度高于泌乳后期，其相对丰度在泌乳 0d 时最高，为 14.474%，在泌乳 21d 之前保持下降趋势直至 0.318%，在泌乳 21d 时升至 0.755%，在泌乳 30d 时降至 0.451%，又在泌乳 60d 时升至 0.883%。脱硫菌门（Desulfobacterota）在泌乳 3d 时的相对丰度最高，为 0.965%。疣微菌门（Verrucomicrobiota）在泌乳前期的相对丰度高于泌乳后期，且其相对丰度最高在泌乳 7d 的 0.759%。Deinococcota 在泌乳后期的相对丰度高于泌乳前期，其最高相对丰度为 0.517%（泌乳 21d）。

综上所示，在门水平，初产奶牛乳汁菌群相对丰度的变化主要出现在初乳阶段（泌乳 0～7d），在泌乳 7d 以后逐渐趋向平缓变化，除变形菌门（Proteobacteria）、厚壁菌门（Firmicutes）和放线菌门（Actinobacteria）泌乳的 15～60d 仍有波动变化外，其余菌门在泌乳后期变化均较小；经产奶牛乳汁菌群相对丰度的变化主要出现在泌乳前 3d 和泌乳 7～15d，在泌乳 21d 后逐渐趋于稳定。

在属水平，本试验对所得的相关有效序列做出了生物标注和统计分析（图 1-30 至图 1-33），将相对丰度大于 1%的菌属定义为优势菌属。结果表明，对于初产荷斯坦奶牛，乳汁菌群群落多样性有显著差异（图 1-30、图 1-31）。假单胞菌属（*Pseudomonas*）、UCG-005 和不动杆菌属（*Acinetobacter*）是 8 个采样时间点所测样本中相对丰度最高的优势菌属，依次为 4.278%、3.678% 和 3.226%。拟杆菌门（Bacteroidota）中的金黄杆菌属（*Chryseobacterium*）、黄杆菌属（*Flavobacterium*）和拟杆菌属（*Bacteroides*）在泌乳 3d 是相对丰度最高的菌属，这些菌属的相对丰度在泌乳前 5d 呈波动性变化，在泌乳 7d 之后逐渐趋于平稳变化,且泌乳前期的相对丰度高于泌乳后期。其中金黄杆菌属(*Chryseobacterium*)的相对丰度在泌乳前 3d 由 2.141% 升至 16.544%,随后在泌乳 5d 时降至 0.079%,在泌乳 7d 时又升至 0.139%,在泌乳后期(15~60d)其相对丰度逐渐减少。黄杆菌属(*Flavobacterium*)的相对丰度在泌乳前 3d 由 0.417% 升至 3.319%,随后在泌乳 5d 时降至 0.591%,在泌乳后期其

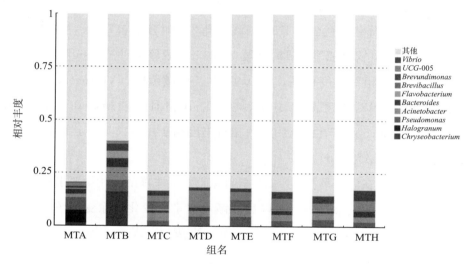

图 1-30　初产奶牛乳汁菌群优势菌属随时间变化的规律

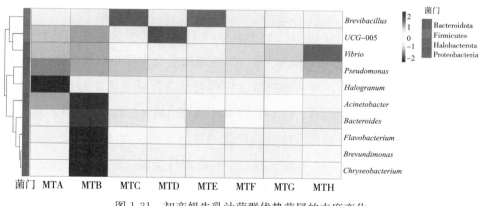

图 1-31　初产奶牛乳汁菌群优势菌属的丰度变化

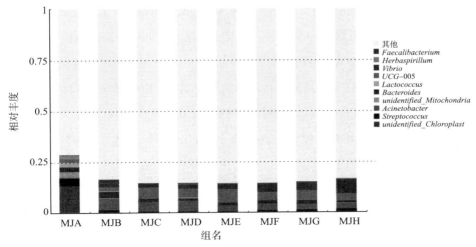

图1-32 经产奶牛乳汁菌群优势菌属随时间变化的规律

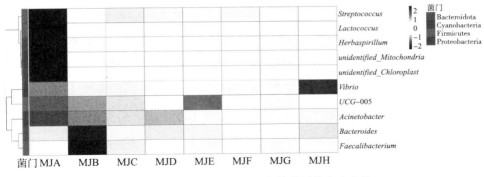

图1-33 经产奶牛乳汁菌群优势菌属的丰度变化

相对丰度逐渐减少。拟杆菌属（Bacteroides）在整个泌乳阶段呈波动变化，在泌乳0d时由2.392%升至相对丰度最高的4.203%（泌乳3d），随后降至1.175%（泌乳5d），又升至1.495%（泌乳7d），在泌乳15d时其最低相对丰度达0.799%，泌乳后期整体呈上升趋势，达2.653%（泌乳60d）。由此看来，这些优势菌属的相对丰度变化趋势与拟杆菌门（Bacteroidota）的一致，均在泌乳前期呈波动性变化，在泌乳后期缓慢减少并逐渐趋于平稳，这表明拟杆菌门（Bacteroidota）相对丰度的变化主要受这几种优势菌属的影响。短波单胞杆菌属（*Brevundimonas*）、不动杆菌属（*Acinetobacter*）、假单胞菌属（*Pseudomonas*）和弧菌属（*Vibrio*）是变形菌门（Proteobacteria）中相对丰度最高的菌属。短波单胞杆菌属（*Brevundimonas*）的相对丰度由0.897%（泌乳0d）升至3.281%（泌乳3d），随后从泌乳5d开始降至0.129%（泌乳7d）。在泌乳后期（7~60d）其相对丰度稳定在0.129%~0.177%。不动杆菌属（*Acinetobacter*）相对丰度在泌乳期前3d由1.618%升至6.029%，随后从泌乳5d开始减少并趋于平缓变化，稳定在2.581%~3.209%。短波单胞杆菌属（*Brevundimonas*）和不动杆菌属（*Acinetobacter*）的相对丰度在泌乳第5天前呈波动变化，第7天之后逐渐趋于稳定，其相对丰度在泌乳前期均高于泌乳后期。假单胞菌属（*Pseudomonas*）相对丰度最高在泌乳0d，为5.957%，在泌乳5d时降至2.917%，随后其相对丰度又上升至5.006%（泌乳15d），在泌乳21d时下降至3.196%，在泌乳30d时上升至3.825%，最后在泌乳60d时下降至2.753%，且其相对丰度在泌乳前期高于泌乳后期。弧菌属（*Vibrio*）相对丰度在整个泌乳期呈波动变化，在泌乳前3d由0.493%降至0.248%，在泌乳5d时升至2.313%，又在泌乳7d时降至1.504%，随后持续上升直至相对丰度最高值4.845%（泌乳60d），但其相对丰度在泌乳后期高于泌乳前期。由此可见，变形菌门（Proteobacteria）的相对丰度变化主要由短波单胞杆菌属（*Brevundimonas*）和不动杆菌属（*Acinetobacter*）决定，而其中的不稳定性受假单胞菌属（*Pseudomonas*）和弧菌属（*Vibrio*）的影响。嗜盐古生菌属（*Halogranum*）是古菌门（Halobacterota）中相对丰度最高的菌属，在泌乳0d时为5.687%，随后在泌乳第3天时以0.012%微弱的含量存在，继而消失。由此可见，古菌门（Halobacterota）的相对丰度变化是受嗜盐古生菌属（*Halogranum*）的影响。UCG-005和芽孢短杆菌属（*Brevibacillus*）是厚壁菌门（Firmicutes）中相对丰度最高的菌属，UCG-005的相对丰度在泌乳前3d由1.505%降至1.035%，又升至7.351%最高（泌乳7d），随后在泌乳15~60d呈波动性变化，稳定在3.064%~5.055%。芽孢短杆菌属（*Brevibacillus*）

的相对丰度在泌乳前 5d 由 0.011% 升至 3.279%，在泌乳 7d 时下降至 0.039%，在泌乳 15d 时上升至 3.156%，随后其相对丰度逐渐减少。由此可见，厚壁菌门（Firmicutes）的相对丰度变化受 UCG-005 和芽孢短杆菌属（Brevibacillus）的影响。

UCG-005、不动杆菌属（Acinetobacter）、弧菌属（Vibrio）、拟杆菌属（Bacteroides）和链球菌属（Streptococcus）是经产荷斯坦奶牛乳汁菌群的优势菌属（图 1-32、图 1-33）。不动杆菌属（Acinetobacter）、弧菌属（Vibrio）和草螺菌属（Herbaspirillum）是变形菌门（Proteobacteria）中相对丰度最高的菌属。不动杆菌属（Acinetobacter）在泌乳 0d 时，由 0.635% 升至 5.959% 的最高相对丰度（泌乳 3d），随后在泌乳 3～7d 保持稳定在 5.094%～5.959%，在泌乳 15d 时降至 2.856%，之后泌乳 15～60d 保持稳定在 2.791%～3.452%，且泌乳前期的相对丰度高于泌乳后期，在泌乳 3d 和泌乳 7d 时是优势菌属。弧菌属（Vibrio）的相对丰度在整个泌乳阶段持续上升，其相对丰度在泌乳 60d 时最高，为 7.022%，为泌乳 60d 的优势菌属。草螺菌属（Herbaspirillum）的相对丰度在泌乳 0d 时最高，为 1.817%，随后下降至 0.031%（泌乳 3d），并保持稳定，其相对丰度在泌乳前期高于泌乳后期。链球菌属（Streptococcus）、乳球菌属（Lactococcus）、UCG-005 和 Faecalibacterium 是厚壁菌门（Firmicutes）中相对丰度较高的菌属，这些菌属在泌乳 0～7d 呈波动性变化。链球菌属（Streptococcus）在泌乳 0d 时相对丰度最高，为 3.246%，为优势菌属。在泌乳 3d 时降至 0.985%，随后在泌乳 5～21d 之间保持稳定在 0.457%～0.668%，在泌乳后期 30～60d 时持缓慢上升趋势，其相对丰度在泌乳前期高于泌乳后期。乳球菌属（Lactococcus）在泌乳 0d 时相对丰度最高，为 2.155%，在泌乳 3d 时下降至 0.223%，随后持续下降并趋于平缓变化，其泌乳前期的相对丰度高于泌乳后期。UCG-005 的相对丰度由泌乳 0d 的 1.419% 升至泌乳 5d 的 5.601%，随后在泌乳 7～60d 呈波动性变化，最高相对丰度在泌乳 15d，达 6.735%，是泌乳 5d、15d、21d 和 30d 时的优势菌属，但其相对丰度在泌乳后期高于泌乳前期。*Faecalibacterium* 的相对丰度在泌乳前期高于泌乳后期，其相对丰度在泌乳 0d 时由 0.484% 升至最高相对丰度 1.839%（泌乳 3d），在泌乳 5d 时降至 0.179%，在泌乳 7d 时升至 0.459%，随后在泌乳 15～60d 中保持相对稳定，为 0.259%～0.369%。拟杆菌属（*Bacteroides*）是拟杆菌门（Bacteroidota）中相对丰度最高的菌属，从泌乳 0d 的 2.346% 升至 3.421%（泌乳 3d），随后在泌乳 5d 时降至 1.631%，在泌乳 5～60d 之间稳定在 1.327%～1.871%，且其相对丰度在泌乳前期高于泌乳后期。由此可见，拟杆菌门（Bacteroidota）的相对丰度变化主要受拟杆菌属（*Bacteroides*）的影响。

综上所述，初产奶牛和经产奶牛乳汁菌群在不同泌乳阶段各优势菌属的相对丰度差异显著，其中初产组大部分菌属的相对丰度在初乳阶段（0～7d）波动较大，而在泌乳 7d 以后组间趋于平缓变化；经产组大部分菌属的相对丰度在泌乳前 15d 波动较大，而在泌乳 15d 以后组间趋于平缓变化。

5. 泌乳初期奶牛乳汁菌群组间差异时序分析

LDA 值分布柱状图（图 1-34、图 1-35）（LDA 评分＞4）体现了两组奶牛不同时间乳汁样本间微生物具有统计学差异的物种和乳汁菌群结构变化中的关键菌。对于初产组，由图 1-34 可知泌乳 0d 时乳汁菌群与其他泌乳阶段相比具有显著性差异的物种有 10 个，主要包括盐杆菌纲（Halobacteria）、古细菌界（Archaea）、Halobacterales、Halobacterota、Haloferacaceae、*Halogranum* 和乳杆菌目（Lactobacillales）等，其中影响最大的是 LDA 评分最大的盐杆菌纲（Halobacteria）；泌乳 3d 时的乳汁菌群与其他泌乳阶段相比具有显著性差异的物种有 11 个，主要包括金黄杆菌属（*Chryseobacterium*）、威克斯氏菌科（Weeksellaceae）、短波单胞菌属（*Brevundimonas*）、柄杆菌目（Caulobacterales）、拟杆菌科（Bacteroidaceae）等，其中金黄杆菌属（*Chryseobacterium*）和威克斯氏菌科（Weeksellaceae）是差异物种中影响较大的两个物种；泌乳 5d 时的乳汁菌群与其他泌乳阶段相比具有显著性差异的物种有 4 个，主要包

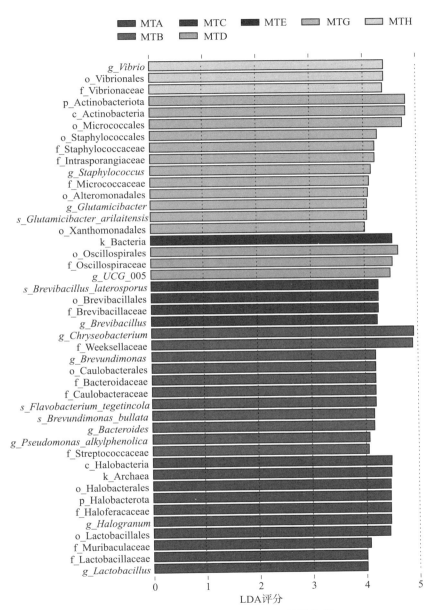

图 1-34 初产奶牛乳汁菌群 LEfSe 差异分析

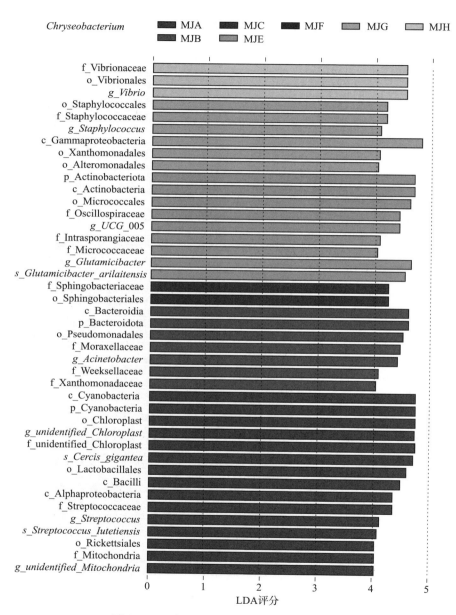

图 1-35 经产奶牛乳汁菌群 LEfSe 差异分析

括侧孢短芽孢杆菌种（*Brevibacillus_laterosporus*）、Brevibacillaies、Brevibacillaceae、芽孢短杆菌属（*Brecibacillus*），也是差异物种中影响较大的物种；泌乳 7d 的乳汁菌群与其他泌乳阶段相比具有显著性差异的物种有 3 个，主要包括 Oscillospirales、颤螺旋菌科（Oscillospiraceae）和 *UCG*-005，其中影响最大的为 Oscillospirales；泌乳 15d 时的乳汁菌群与其他泌乳阶段相比有显著性差异的物种有 1 个，Bacteria 对其影响最大；泌乳 30d 的乳汁菌群与其他泌乳阶段相比具有显著性差异的物种有 12 个，主要包括放线菌门（Actinobacteria）、放线菌纲（Actinobacteria）、微球菌目（Micrococcales）、葡萄球菌目（Staphylococcales）、葡萄球菌科（Staphylococcaceae）、间孢囊菌科（Intrasporangiaceae）等，其中影响最大的为放线菌门（Actinobacteria）；泌乳 60d 时的乳汁菌群与其他泌乳阶段相比具有显著性差异的物种有 3 个，主要包括弧菌属（*Vibrio*）、弧菌目（Vibrionales）和弧菌科（Vibrionaceae），也是差异物种中影响较大的 3 个物种。

由图 1-35 可知对于经产组，泌乳 0d 时的乳汁菌群与其他泌乳阶段相比具有显著性差异的物种有 15 个，主要包括 Cyanobacteriia、蓝藻门（Cyanobacteria）、叶绿体（Chloroplast）、巨紫荆种（*Cercis_gigantea*）、乳酸杆菌目（Lactobacillales）、芽孢杆菌纲（Bacilli）等，其中对其影响较大的是 Cyanobacteriia、蓝藻门（Cyanobacteria）和叶绿体（Chloroplast）；泌乳 3d 时的乳汁菌群与其他泌乳阶段相比具有显著性差异的物种有 7 个，主要包括拟杆菌纲（Bacteroidia）、拟杆菌门（Bacteroidota）、假单胞菌目（Pseudomonadales）、莫拉菌科（Moraxellaceae）、不动杆菌属（*Acinetobacter*）等，其中对其影响较大的是拟杆菌纲（Bacteroidia）和拟杆菌门（Bacteroidota）；泌乳 5d 时的乳汁菌群与其他泌乳阶段相比具有显著性差异的物种有 2 个，为鞘脂杆菌科（Sphingobacteriaceae）和鞘脂杆菌目（Sphingobacteriales），也是对其影响较大的两个物种；泌乳 15d 时的乳汁菌群与其他泌乳阶段相比具有显著性差异的物种有 9 个，主要包括放线菌门（Actinobacteria）、放线菌纲（Actinobacteria)、微球菌目（Micrococcales）、颤螺旋菌科（Oscillospiraceae）、UCG-005 等，其中放线菌门（Actinobacteria）、放线菌纲（Actinobacteria）和微球菌目（Micrococcales）对其影响较大；泌乳 21d 时的乳汁菌群与其他泌乳阶段相比具有显著性差异的物种有 3 个，主要包括 γ-变形菌纲（Gammaproteobacteria）、黄色单胞菌目（Xanthomonadales）和交替单胞菌目（Alteromanadales），其中 γ-变形菌纲（Gammaproteobacteria）对其影响较大；泌乳 30d 时的乳汁菌群与其他泌乳阶段相比具有显著性差异的物种有 3 个，主要包括葡萄球菌目（Staphylococcales）、葡萄球菌科（Staphylococcaceae）和葡萄球菌属（*Staphylococcus*），其中葡萄球菌目（Staphylococcales）和葡萄球菌科（Staphylococcaceae）对其影响较大；泌乳 60d 时的乳汁菌群与其他泌乳阶段相比具有显著性差异的物种有 3 个，主要包括弧菌科（Vibrionaceae）、弧菌目（Vibrionales）和弧菌属（*Vibrio*），也是差异物种中影响较大的 3 个物种。

6. 泌乳初期奶牛乳汁菌群间相关性分析

为探究荷斯坦奶牛不同泌乳阶段乳汁菌群的相互关系，本研究以微生物在不同样本中的相对丰度为特征，选取 TOP 50 的菌属，利用 Spearman 方法对荷斯坦母牛不同泌乳阶段的乳汁菌群进行共现相关网络分析。筛选标准为相关系数大于 0.7（$r \geqslant 0.7$）且显著性水平小于 0.05（$P < 0.05$）。

初产荷斯坦奶牛不同泌乳阶段乳汁菌群共现相关网络见图 1-36 和图 1-37。由图 1-36 可知，初产荷斯坦母牛初乳阶段（0~7d）中乳汁菌群存在强的线性相关关系，其中魏斯氏菌属（*Weissella*）与初乳中的 *Halogranum*、乳酸杆菌（*Lactococcus*）、*Parabacteroides* 等 11 个优势菌属呈正相关，与 UCG-005、海杆菌属（*Marinobacter*）等 7 个优势菌属呈负相关。*Glutamicibacter* 与初乳中的短杆菌属（*Brevibacterium*）、*Aeromicrobium*、弧菌属（*Vibrio*）等 11 个优势菌属呈正相关，与金黄杆菌属（*Chryseobacterium*）、拟杆菌属（*Bacteroides*）、*Parabacteroides* 等 7 个优势菌属呈负相关。*Parabacteroides* 与初乳中的挑剔真杆菌属（[*Eubacterium*]_eligens_group）、魏斯氏菌属（*Weissella*）、

第一章·围产期奶牛后肠道菌群与乳汁菌群多样性时序特征

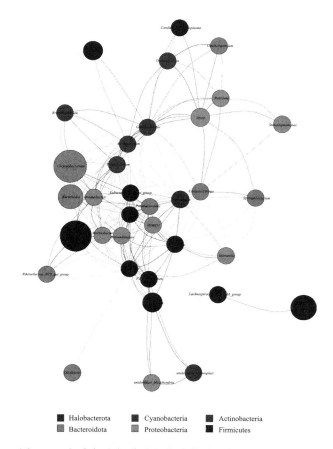

图 1-36 初产奶牛初乳阶段乳汁菌群属水平物种相关网络
红色线：正相关；蓝色线：负相关

Faecalibacterium 等 11 个优势菌属呈正相关，与海杆菌属（*Marinobacter*）、短杆菌属（*Brevibacterium*）等 7 个优势菌属呈负相关。*Aeromicrobium* 与初乳中的 *Glutamicibacter*、短杆菌属（*Brevibacterium*）、*Oceanobacter* 等 10 个优势菌属呈正相关，与 *Parabacteroides*、金黄杆菌属（*Chryseobacterium*）等 7 个优势菌属呈负相关。另外，乳杆菌属（*Lactobacillus*）仅与 *Lachnospiraceae_NK4A136_group* 互为正相关。由此可见，在初产荷斯坦母牛初乳阶段只有古菌门（Halobacterota）、蓝藻门（Cyanobacteria）、放线菌门（Actinobacteria）、拟

杆菌门（Bacteroidota）、变形菌门（Proteobacteria）和厚壁菌门（Firmicutes）有较强的线性相关关系。

图 1-37　初产奶牛常乳阶段乳汁菌群属水平物种相关网络
红色线：正相关；蓝色线：负相关

由图 1-37 可知，初产荷斯坦奶牛常乳阶段（15～60d）中乳汁菌群存在线性相关关系，其中 *Parabacteroides* 与常乳中的拟杆菌属（*Bacteroides*）、*Candidatus_Bacilloplasma*、*Faecalibacterium* 等 6 个优势菌属呈正相关，与 *Pedobacter* 和鞘氨菌属（*Sphingobacterium*）2 个优势菌属呈负相关。*Pedobacter* 仅与常乳中的鞘氨菌属（*Sphingobacterium*）呈正相关，与 *Parabacteroides*、弧菌属（*Vibrio*）等 5 个优势菌属呈负相关。*Candidatus_Bacilloplasma* 与常乳中的 *Parabacteroides*、乳杆菌属（*Lactobacillus*）和弧菌属（*Vibrio*）3 个

优势菌属呈正相关，与 *Pedobacter* 等 3 个优势菌属呈负相关。弧菌属（*Vibrio*）与常乳中的 *Candidatus_Bacilloplasma*、*Lachnospiraceae_NK4A136_group* 和 *Parabacteroides* 3 个优势菌属呈正相关，与鞘氨菌属（*Sphingobacterium*）和 *Pedobacter* 呈负相关。鞘氨菌属（*Sphingobacterium*）仅与常乳中的 *Pedobacter* 呈正相关，与弧菌属（*Vibrio*）、*Lachnospiraceae_NK4A136_group* 等 5 个优势菌属呈负相关。*Lachnospiraceae_NK4A136_group* 与常乳中的 *Faecalibacterium*、*Parabacteroides* 和弧菌属（*Vibrio*）3 个优势菌属呈正相关，与鞘氨菌属（*Sphingobacterium*）和 *Pedobacter* 2 个优势菌属呈负相关。*Ornithinicoccus* 与常乳中的 *Aeromicrobium*、*Brachybacterium* 等 4 个优势菌属呈正相关，仅与 *Candidatus_Bacilloplasma* 呈负相关。由此可见，在初产荷斯坦母牛常乳阶段只有放线菌门（Actinobacteria）、拟杆菌门（Bacteroidota）、变形菌门（Proteobacteria）和厚壁菌门（Firmicutes）有较强的线性相关关系，且放线菌门（Actinobacteria）中的正相关性更强。

经产荷斯坦奶牛不同泌乳阶段乳汁菌群共现相关网络见图 1-38 和图 1-39。

由图 1-38 可知，经产荷斯坦奶牛初乳阶段（0～7d）中乳汁菌群存在强的线性相关关系，其中鞘氨菌属（*Sphingobacterium*）与初乳中的 *Aeromicrobium*、*Ornithinicoccus*、*Marinobacter* 等 11 个优势菌属呈正相关，仅与 *unidentified_Chloroplast* 和 *unidentified_Mitochondria* 呈负相关。短波单胞菌属（*Brevundimonas*）与初乳中的明串珠菌属（*Leuconostoc*）、链球菌属（*Streptococcus*）、大肠杆菌志贺菌属（*Escherichia-Shigella*）等 11 个优势菌属呈正相关。大肠杆菌志贺菌属（*Escherichia-Shigella*）与初乳中的链球菌属（*Streptococcus*）、短波单胞菌属（*Brevundimonas*）、*Faecalibacterium* 等 11 个优势菌属呈正相关。*Ornithinicoccus* 与初乳中的 *Aeromicrobium*、*Brachybacterium*、不动杆菌属（*Acinetobacter*）等 11 个优势菌属呈正相关。不动杆菌属（*Acinetobacter*）与初乳中的 *Ornithinicoccus*、*Brachybacterium*、*Glutamicibacter* 等 9 个优势菌属呈正相关，仅与 *unidentified_Mitochondria* 呈负相关。

图 1-38 经产奶牛初乳阶段乳汁菌群属水平物种相关网络
红色线：正相关；蓝色线：负相关

Aeromicrobium 与初乳中的 *Ornithinicoccus*、*Glutamicibacter*、鞘氨菌属（*Sphingobacterium*）等 10 个优势菌属呈正相关。*unidentified_Mitochondria* 与初乳中的 *Marinobacter*、*Oceanobacter* 等 7 个优势菌属呈负相关，仅与 *unidentified_Chloroplast* 和 *HIMB*11 呈正相关。

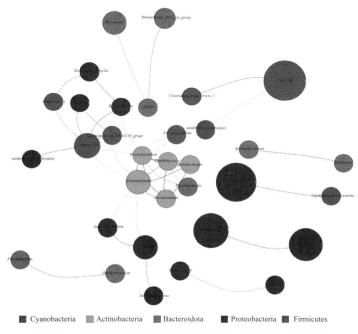

图 1-39　经产奶牛常乳阶段乳汁菌群属水平物种相关网络
红色线：正相关；蓝色线：负相关

由此可见，在经产荷斯坦奶牛初乳阶段只有蓝藻门（Cyanobacteria）、放线菌门（Actinobacteria）、拟杆菌门（Bacteroidota）、变形菌门（Proteobacteria）和厚壁菌门（Firmicutes）有较强的线性关系，有负相关的菌属较多集中在变形菌门（Proteobacteria）。

由图 1-39 可知，经产荷斯坦奶牛常乳阶段（15～60d）中乳汁菌群存在线性关系，其中 *Glutamicibacter* 与常乳中的 *Brachybacterium*、短杆菌属（*Brevibacterium*）等 4 个优势菌属呈正相关，与 *Parabacteroides*、*Lachnospirace-*

ae_NK4A136_group、简辛杆菌属（*Janthinobacterium*）等 6 个优势菌属呈负相关。*Brachybacterium* 与常乳中的 *Glutamicibacter*、短杆菌属（*Brevibacterium*）、*Ornithinicoccus* 等 4 个优势菌属呈正相关，与短波单胞菌属（*Brevundimonas*）、*Faecalibacterium*、*Parabacteroides* 等 4 个优势菌属呈负相关。乳杆菌属（*Lactobacillus*）与短波单胞菌属（*Brevundimonas*）、*unidentified_Mitochondria*、*Lachnospiraceae_NK4A136_group* 等 5 个优势菌属呈正相关，与 *Glutamicibacter* 和 *Brachybacterium* 2 个优势菌属呈负相关。

由此可见，在经产荷斯坦奶牛常乳阶段只有蓝藻门（Cyanobacteria）、放线菌门（Actinobacteria）、拟杆菌门（Bacteroidota）、变形菌门（Proteobacteria）和厚壁菌门（Firmicutes）有线性关系。

7. 泌乳初期奶牛乳汁菌群与乳成分的关联分析

两组奶牛不同泌乳阶段乳中常规成分含量见表 1-13。为探究奶牛不同泌乳阶段乳汁菌群与乳成分的相互关系，本研究以菌群在不同样本中的平均相对丰度为特征，利用皮尔逊（Person）方法，选取相对丰度大于 0.1% 的优势菌属构建荷斯坦母牛不同泌乳阶段乳汁菌群与乳成分（脂肪、尿素氮、蛋白质）的

表 1-13　奶牛不同泌乳阶段乳中常规成分含量

（单位：%）

组别	脂肪	尿素氮	蛋白质	组别	脂肪	尿素氮	蛋白质
MTA	4.11±0.57[bc]	35.50±8.77[d]	15.85±1.84[b]	MJA	4.27±0.79[a]	30.12±7.47[b]	15.79±2.46[b]
MTB	4.69±1.16[bc]	18.28±2.19[bc]	3.11±0.41[a]	MJB	4.05±1.30[a]	18.88±3.61[a]	3.42±0.69[a]
MTC	4.83±1.03[c]	19.65±5.02[c]	3.41±0.42[a]	MJC	4.69±1.51[a]	15.67±1.67[a]	3.85±0.58[a]
MTD	4.97±0.89[c]	17.85±2.05[bc]	3.21±0.17[a]	MJD	4.17±1.38[a]	17.43±4.67[a]	3.26±0.40[a]
MTE	3.99±0.51[bc]	11.87±2.47[a]	3.08±0.43[a]	MJE	4.94±1.34[a]	17.52±2.36[a]	3.06±0.15[a]
MTF	4.12±0.74[bc]	13.50±2.83[ab]	3.08±0.17[a]	MJF	4.13±1.12[a]	19.15±3.60[a]	3.17±0.17[a]
MTG	2.97±0.67[a]	15.33±2.88[abc]	2.86±0.15[a]	MJG	3.93±0.24[a]	19.32±234[a]	3.03±0.09[a]
MTH	3.69±0.11[ab]	15.80±1.78[abc]	2.99±0.34[a]	MJH	4.07±0.72[a]	20.70±5.22[a]	3.10±0.53[a]

注：上标字母（a、b、c 和 d）不同，表示差异显著（$P<0.05$）。

含量之间的相互关系网络图。相关系数大于等于 0.6（$r \geqslant 0.6$）且显著性水平小于 0.05（$P < 0.05$），且只保留菌群与上述指标间的关联。

由图 1-40 可知，尿素氮和蛋白质的含量与初产荷斯坦奶牛不同泌乳阶段的 30 个菌属的相对丰度变化有相关性，脂肪的含量与初产荷斯坦母牛不同泌乳阶段乳汁菌群的菌属关联程度不显著。*Dubosiella*、*Candidatus_Puniceispirillum*、*OM60（NOR5）_clade*、明串珠菌属（*Leuconostoc*）和 *NS5_marine_group* 的相对丰度变化与尿素氮含量有较高程度的正相关（$r \geqslant 0.7$），*SUP05_cluster*、*Fluviicola*、*Amylibacter*、瘤胃球菌属（*Ruminococcus*）、*HIMB*11、魏斯氏菌属（*Weissella*）、简纳西氏菌属（*Jannaschia*）、硝酸盐还原假洪吉氏菌属（Pseudohongiella）、*Clade_Ia*、产乙酸嗜蛋白质菌属（*Proteiniphilum*）、*Prevotellaceae_UCG*-001 和 *Parabacteroides* 与尿素氮含量有中等程度的正相关（$0.6 \leqslant r < 0.7$），其中红色盐颗粒菌属（*Halogranum*）仅与

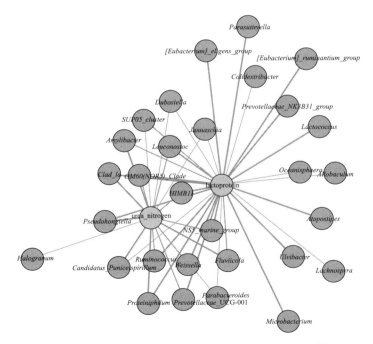

图 1-40 初产奶牛乳汁菌群与乳成分含量的相关网络

尿素氮含量有中等程度的正相关（0.6≤r<0.7）；*Dubosiella*、瘤胃球菌属（*Ruminococcus*）、*Prevotellaceae*_UCG-001、明串珠菌属（*Leuconostoc*）、副萨特氏菌属（*Parasutterella*）、*Prevotellaceae*_NK3B31_group、魏斯氏菌属（*Weissella*）、*Allobaculum*、*Candidatus_Puniceispirillum* 和 OM60（NOR5）_clade 与蛋白质含量有较高程度的正相关（r≥0.7），其中红色盐颗粒菌属（*Halogranum*）与蛋白质含量关联程度不显著，其余 20 个菌属与蛋白质含量有中等程度的正相关（0.6≤r<0.7）。综上所述，尿素氮和蛋白质的含量与初产奶牛乳汁中 30 个菌属的相对丰度变化有相关性，并且均呈正相关关系。

由图 1-41 可知，尿素氮和蛋白质的含量与经产荷斯坦奶牛不同泌乳阶段的 17 个菌属的相对丰度变化有相关性，脂肪的含量与初产荷斯坦母牛不同泌乳阶段乳汁菌群的菌属无相关性。*Candidatus_Puniceispirillum* 和 *Amylibacter* 与尿素氮的含量有较高程度的正相关（r≥0.7），小杆菌属（*Dialister*）、OM60

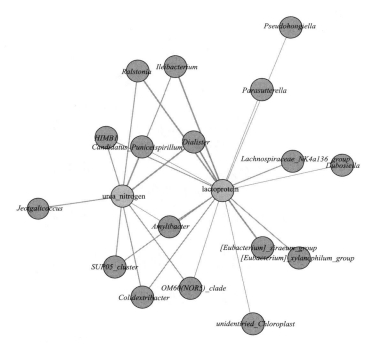

图 1-41　经产奶牛乳汁菌群与乳成分含量的相关网络

（NOR5）_clade、HIMB11、SUP05_cluster、Ileibacterium、大肠埃希菌属（Colidextribacter）、罗尔斯通菌属（Ralstonia）和耐盐咸海鲜球菌属（Jeotgalicoccus）与尿素氮的含量有中等程度的正相关（$0.6 \leqslant r < 0.7$）；unidentified_Chloroplast、Amylibacter、HIMB11、Candidatus_Puniceispirillum、SUP05_cluster、Ileibacterium、小杆菌属（Dialister）、大肠埃希菌属（Colidextribacter）和罗尔斯通菌属（Ralstonia）与蛋白质的含量有较高程度的正相关（$r \geqslant 0.7$），OM60（NOR5）_clade、［Eubacterium］_siraeum_group、［Eubacterium］_xylanophilum_group、硝酸盐还原假洪吉氏菌属（Pseudohongiella）、Dubosiella、Lachnospiraceae_NK4A136_group 和副萨特氏菌属（Parasutterella）与蛋白质的含量有中等程度的正相关（$0.6 \leqslant r < 0.7$），其中耐盐咸海鲜球菌属（Jeotgalicoccus）与蛋白质的含量关联程度不显著。综上所述，尿素氮和蛋白质的含量与经产荷斯坦母牛乳汁中17个菌属的相对丰度变化有相关性，并且均呈正相关关系。

8. 泌乳初期奶牛乳汁菌群的功能预测

使用Tax4Fun方法对两组奶牛乳汁菌群进行代谢功能的预测，分别挑选TOP10基因功能家族（图1-42、图1-43）。对于初产组，其中相对丰度最高的6个功能基因分别为：碳水化合物（Carbohydrate metabolism，10.59%）、膜转运（Membrane transport，10.28%）、氨基酸代谢（Amino acid metabolism，9.48%）、复制和修复（Replication and repair，8.95%）、翻译（Translation，8.84%）、能量代谢（Energy metabolism，4.49%），这6个功能基因的相对丰度约占总测序量的53%。如表1-14所示，其中相对丰度较高的5个功能基因家族（碳水化合物、膜转运、氨基酸代谢、翻译和能量代谢）在不同泌乳阶段存在显著差异（$P < 0.05$），其中在泌乳前期初乳阶段呈波动变化，泌乳后期常乳阶段逐渐趋于稳定，而复制和修复功能基因家族不受泌乳阶段的影响（$P \geqslant 0.05$）。

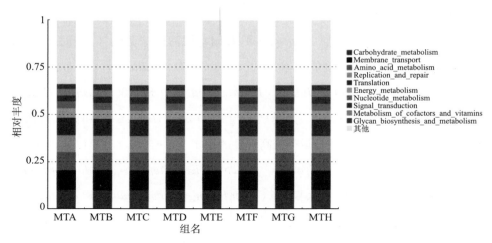

图 1-42 初产奶牛 Tax4Fun 功能预测 KEGG 基因相对丰度变化

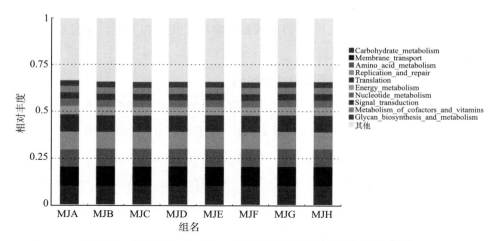

图 1-43 经产奶牛 Tax4Fun 功能预测 KEGG 基因相对丰度变化

表 1-14 初产荷斯坦奶牛不同泌乳阶段的功能基因家族平均相对丰度百分比

组别	碳水化合物	膜转运	氨基酸代谢	翻译	能量代谢
MTA	23.17±0.20[b]	22.27±0.58[ab]	20.92±2.29[a]	20.28±1.51[a]	9.99±0.85[b]
MTB	22.16±0.49[a]	22.91±1.06[c]	19.73±0.64[a]	19.10±1.22[a]	9.55±0.26[a]
MTC	22.70±0.28[b]	22.51±0.30[bc]	20.52±0.14[ab]	18.79±0.24[a]	9.80±0.12[ab]

(续)

组别	碳水化合物	膜转运	氨基酸代谢	翻译	能量代谢
MTD	23.17±0.19[b]	21.65±0.12[a]	20.50±0.09[ab]	18.89±0.16[a]	9.63±0.07[a]
MTE	22.83±0.30[b]	22.13±0.17[ab]	20.50±0.13[b]	18.76±0.23[a]	9.65±0.05[ab]
MTF	22.85±0.41[b]	21.82±0.28[b]	20.18±0.18[b]	18.85±0.23[a]	9.65±0.05[ab]
MTG	22.87±0.40[b]	21.91±0.37[ab]	20.48±0.22[b]	18.91±0.22[a]	9.62±0.05[a]
MTH	22.81±0.55[b]	22.04±0.55[ab]	20.26±0.29[ab]	18.93±0.34[a]	9.60±0.06[a]

注：所标显示字母（a，b）不同，则表示不同泌乳时间的功能基因家族显著差异，显著性水平：$P<0.05$。

碳水化合物（Carbohydrate metabolism）功能基因家族的相对丰度主要在泌乳前5d呈波动变化，在泌乳7~60d变化趋于稳定。碳水化合物功能基因家族的相对丰度由泌乳0d的23.17%显著降至泌乳3d的22.16%（$P<0.05$），在泌乳5d时又显著升至22.70%（$P<0.05$），在泌乳7~60d之间变化不显著（$P\geqslant0.05$）。膜转运（Membrane transport）功能基因家族的相对丰度主要在泌乳前7d呈波动变化，在泌乳15~60d变化趋于稳定。膜转运功能基因家族的相对丰度由泌乳0d的22.27%显著升至泌乳3d的22.91%（$P<0.05$），在泌乳5d时降至22.51%，但变化不显著（$P\geqslant0.05$），在泌乳7d时显著降至21.65%（$P<0.05$），在泌乳15~60d之间变化不显著（$P\geqslant0.05$）。氨基酸代谢（Amino acid metabolism）功能基因家族的相对丰度主要在泌乳前3d呈波动变化，在泌乳5~60d变化趋于稳定。氨基酸代谢功能基因家族的相对丰度由泌乳0d的20.92%显著降至泌乳3d的19.73%（$P<0.05$），随后升至泌乳5d的20.52%，但变化不显著（$P\geqslant0.05$），在泌乳5~60d之间变化不显著（$P\geqslant0.05$）。翻译（Translation）功能基因家族的相对丰度主要在泌乳前3d呈波动变化，在泌乳5~60d变化趋于稳定。翻译功能基因家族的相对丰度由泌乳0d的20.28%显著降至泌乳3d的19.10%（$P<0.05$），随后降至泌乳5d的18.79%，但变化不显著（$P\geqslant0.05$），在泌乳5~60d之间变化不显著（$P\geqslant0.05$）。能量代谢（Energy metabolism）功能基因家族的相对丰度主要在泌乳前

3d 呈波动变化，在泌乳 5～60d 变化趋于稳定。能量代谢功能基因家族的相对丰度由泌乳 0d 的 9.99% 显著降至泌乳 3d 的 9.55%（$P<0.05$），随后升至泌乳 5d 的 9.80%，但变化不显著（$P\geqslant 0.05$），在泌乳 5～60d 变化不显著（$P\geqslant 0.05$）。

对于经产组，其中相对丰度最高的 6 个功能基因分别为：碳水化合物（Carbohydrate metabolism，10.61%）、膜转运（Membrane transport，10.20%）、氨基酸代谢（Amino acid metabolism，9.47%）、复制和修复（Replication and repair，8.94%）、翻译（Translation，8.87%）、能量代谢（Energy metabolism，4.50%），这 6 个功能基因的相对丰度约占总测序量的 53%。由表 1-15 所示，相对丰度较高的 6 个功能基因家族（碳水化合物、膜转运、氨基酸代谢、复制和修复、翻译和能量代谢）在不同泌乳阶段存在显著差异（$P<0.05$）。

表 1-15　经产奶牛不同泌乳阶段的功能基因家族平均相对丰度百分比

组别	碳水化合物	膜转运	氨基酸代谢	复制和修复	翻译	能量代谢
MJA	22.59 ± 0.19^{ab}	21.75 ± 0.30^{a}	20.13 ± 0.35^{a}	20.10 ± 0.35^{b}	20.17 ± 0.28^{b}	9.93 ± 0.25^{b}
MJB	22.60 ± 0.41^{a}	22.65 ± 0.44^{c}	20.35 ± 0.49^{ab}	18.94 ± 0.73^{a}	19.09 ± 0.53^{a}	9.78 ± 0.13^{a}
MJC	23.02 ± 0.41^{ab}	21.88 ± 0.47^{ab}	20.55 ± 0.17^{b}	19.18 ± 0.48^{a}	18.82 ± 0.28^{a}	9.70 ± 0.08^{a}
MJD	22.82 ± 0.41^{ab}	22.32 ± 0.48^{bc}	20.46 ± 0.26^{ab}	19.11 ± 0.71^{a}	18.82 ± 0.31^{a}	9.69 ± 0.11^{a}
MJE	23.14 ± 0.28^{b}	21.70 ± 0.34^{a}	20.62 ± 0.24^{b}	19.46 ± 0.37^{a}	18.19 ± 0.15^{a}	9.66 ± 0.04^{a}
MJF	22.80 ± 0.30^{ab}	21.98 ± 0.31^{ab}	20.60 ± 0.23^{b}	19.05 ± 0.34^{a}	18.96 ± 0.21^{a}	9.66 ± 0.03^{a}
MJG	23.15 ± 0.35^{b}	21.76 ± 0.22^{a}	20.58 ± 0.26^{b}	19.33 ± 0.45^{a}	19.12 ± 0.24^{a}	9.64 ± 0.05^{a}
MJH	22.78 ± 0.27^{ab}	22.12 ± 0.28^{ab}	20.34 ± 0.16^{ab}	19.20 ± 0.34^{a}	19.08 ± 0.17^{a}	9.66 ± 0.05^{a}

注：所标显示字母（a，b）不同，则表示不同泌乳时间的功能基因家族显著差异，显著性水平：$P<0.05$。

碳水化合物（Carbohydrate metabolism）功能基因家族的相对丰度主要在整个泌乳阶段呈波动变化。碳水化合物功能基因家族的相对丰度在泌乳 3d、15d 和 30d 与其他泌乳阶段差异显著（$P<0.05$），其中在泌乳 30d 时的相对丰度较高，为 23.15%，在其他泌乳阶段的差异不显著（$P\geqslant 0.05$）。膜转运

(Membrane transport) 功能基因家族的相对丰度主要在泌乳前 15d 呈波动变化，在泌乳 21～60d 变化趋于稳定。膜转运功能基因家族的相对丰度由泌乳 0d 的 21.75% 显著升至泌乳 3d 的 22.65%（$P<0.05$），在泌乳 5d 时显著降至 21.88%（$P<0.05$），在泌乳 7d 时显著升至 22.32%（$P<0.05$），在泌乳 15d 时显著降至 21.70%（$P<0.05$），在泌乳 21～60d 之间变化不显著（$P\geqslant 0.05$）。氨基酸代谢（Amino acid metabolism）功能基因家族的相对丰度主要在泌乳前 5d 呈波动变化，在泌乳 7～60d 变化趋于稳定。氨基酸代谢功能基因家族的相对丰度由泌乳 0d 的 20.13% 显著升至泌乳 5d 的 20.55%（$P<0.05$），随后在泌乳 7～60d 之间变化不显著（$P\geqslant 0.05$）。复制和修复（Replication and repair）功能基因家族的相对丰度主要在泌乳前 3d 呈波动变化，在泌乳 5～60d 变化趋于稳定。复制和修复功能基因家族的相对丰度由泌乳 0d 的 20.10% 显著降至泌乳 3d 的 18.94%（$P<0.05$）。随后在泌乳 5～60d 之间变化不显著（$P\geqslant 0.05$）。翻译（Translation）功能基因家族的相对丰度主要在泌乳前 3d 呈波动变化。在泌乳 5～60d 变化趋于稳定。翻译功能基因家族的相对丰度由泌乳 0d 的 20.17% 显著降至泌乳 3d 的 19.09%（$P<0.05$），随后降至泌乳 5d 的 18.82%，但变化不显著（$P\geqslant 0.05$），在泌乳 5～60d 之间变化不显著（$P\geqslant 0.05$）。能量代谢（Energy metabolism）功能基因家族的相对丰度主要在泌乳前 3d 呈波动变化，在泌乳 5～60d 变化趋于稳定。能量代谢功能基因家族的相对丰度由泌乳 0d 的 9.93% 显著降至泌乳 3d 的 9.78%（$P<0.05$），随后降至泌乳 5d 的 9.70%，但变化不显著（$P\geqslant 0.05$），在泌乳 5～60d 之间变化不显著（$P\geqslant 0.05$）。

综上所述，在两组奶牛不同泌乳阶段功能基因家族的相对丰度均存在显著差异（$P<0.05$），大部分功能基因家族的相对丰度在泌乳前期初乳阶段（0～7d）之间波动较大，而在泌乳后期常乳阶段（15～60d）逐渐趋于稳定。对于经产组奶牛，碳水化合物和膜转运功能基因家族在泌乳中期初乳阶段向常乳阶段过渡时期波动较大。

（三）讨论

1. 泌乳初期奶牛乳汁菌群组成差异的时序分析

Alpha 多样性和 Beta 多样性分析结果表明，不同胎次荷斯坦奶牛不同泌乳阶段乳汁菌群的多样性存在显著差异。通过 Observed_species、Chao1 和 Shannon 指数及观测到的特征指数等方面变化趋势均相似分析可知，初产荷斯坦奶牛和经产荷斯坦奶牛在泌乳前期的初乳阶段（0～7d）的菌群多样性呈波动性变化，而在泌乳后期常乳阶段（15～60d）之后逐渐趋于稳定，其中泌乳 3d 均与其他样本种类之间菌群种类的丰富程度存在差异，其他样品菌群从群落物种数目、所涵盖的菌群种类数量等方面的变化类似，且常乳阶段乳汁菌群的 Alpha 多样性高于初乳阶段，说明常乳阶段乳汁菌群具有较高的丰富度和均匀度；从 Beta 多样性分析可以发现初产荷斯坦奶牛和经产荷斯坦奶牛不同泌乳阶段乳汁菌群可分两个阶段：0～3d 和 5～60d，所有细菌区系均表现出不同的特征，说明初产荷斯坦奶牛和经产荷斯坦奶牛不同泌乳阶段乳汁菌群的群落结构都具备时序变化特征。黄卫强等曾利用高通量测序技术研究不同地区人乳微生物，其结果与本试验结果一致。

在门水平上，本试验的研究结果表明，变形菌门（Proteobacteria）、厚壁菌门（Firmicutes）、拟杆菌门（Bacteroidota）和放线菌门（Actinobacteria）是初产荷斯坦奶牛和经产荷斯坦奶牛共有的优势菌门，其余优势菌门的丰度在不同泌乳阶段各时间点产生波动，乳汁菌群相对丰度的变化主要发生在泌乳前期初乳阶段，变形菌门（Proteobacteria）和厚壁菌门（Firmicutes）呈现此消彼长的动态变化，Li 等研究发现，在牛乳中优势菌门呈竞争关系。Moossavi 等发现，变形菌门和厚壁菌门是产后 3～4 个月母乳中的主要菌群。eFalentin 等研究也发现，牛乳中变形菌门（Proteobacteria）丰度与奶牛乳腺健康密切相关，变形菌门（Proteobacteria）的增加可能造成亚急性瘤胃酸中毒，但是变形菌门（Proteobacteria）是否与发生乳房炎有密切的关系，需要进一步研究。初产荷斯坦奶牛和经产荷斯坦奶牛在泌乳 3d 时，拟杆菌门（Bacteroidota）的相对丰度较高，可能在这一阶段的牛乳对犊牛的肠道免疫功能有积极影响，更有利于为脂肪在小肠的消化吸收提供所需要的能量，但这需要进一步的试验证明。MOORE 等通过调查发现，拟杆菌门（Bacteroidota）是青年奶牛子宫内优势菌门之一，拟杆菌门通过抑制脂肪细胞中脂蛋白脂酶活性，从而对脂质代谢产生积极影响，且与家畜肠道免疫功能有关。放线菌门（Actinobacteria）可以利用碳水化合物产生乳酸，乳酸可以维持环境的酸度，抑制肠道内致病菌的生长。Halobacterota 仅在初产荷斯坦奶牛泌乳 0d 时为优势菌门，目前只有对亚热带红树林生态系统中硫酸盐还原的影响中有运用，由于缺乏培养的分离物和基因组信息，目前没有针对哺乳动物中 Halobacterota 功能的相关研究，其生理学、宿主适应机制和致病潜力尚不清晰。蓝藻门（Cyanobacteria）仅在经产荷斯坦奶牛泌乳 0d 时为优势菌门，其有固氮放氧的功能，可为土壤提高肥力，增加作物产量，但其富营养化可能会给养殖业带来严重危害。在与本试验研究结果相比，主要菌群基本一致，说明乳汁样本之间菌群分布基本一致，但可能由于胎次不同、泌乳时间不同等原因可能造成微弱的菌群比例差异。

在属水平上，本试验的研究结果表明，初产荷斯坦奶牛和经产荷斯坦奶牛的优势菌属各有不同，绝大多数优势菌属并未表现出时序差异。假单胞菌属（*Pseudomonas*）为初产荷斯坦奶牛乳汁样本中共有的优势菌属。假单胞菌属是一种品种多样、体积微小、具有单鞭毛结构且分布较为广泛的细菌。而假单胞菌属中致病性菌属也较多，人和动物食用含有该类菌属的细菌可引起腹泻。假单胞菌属丰度过高可能与奶牛舍的水和奶头消毒剂的污染有关。本试验结果中含有该细菌，可能是因为在挤奶过程中牛乳被外界环境所污染。在泌乳 0～3d 中，共有的优势菌属表现出明显的时序差异：在初乳中还发现一种特有的嗜盐古生菌属（*Halogranum*），该菌属丰富度小且只在初乳中存在。经过查阅相关文献资料可知，作为马鹿乳汁微生物优势菌种之一的 *Halomonas*，更是奶酪中的优势菌种，它可以与乳汁中其他类型的细菌产生相互作用，同时还可以引起乳汁状态的改变。这种菌只在初乳中存在的原因还需进一步研究。在 3d 时，金黄杆菌属（Chryseobacterium）的丰度差异显著，可以自由生活或寄生。其可以使巴氏杀菌牛乳变质和再污染，从而降低牛乳质量，也可以引起奶牛乳房炎的发生。本试验分离出的 4 种优势菌属：假单胞菌属（Pseudomonas）、金黄杆菌属（Chryseobacterium）、黄杆菌属（Flavobacterium）和不动杆菌属（Acinetobacter）是常见的嗜冷菌，其总丰度接近 10%，嗜冷菌可在冷链运输过程中大量繁殖，进而引起乳品变质，应注意乳品运输过程中的环境卫生。拟杆菌属（Bacteroides）主要以蛋白质为发酵底物，其相对丰度随泌乳时间的增长而减少，乳中蛋白质含量也随泌乳时间的增长而逐渐减少，这与乳中蛋白质含量的变化呈正相关。UCG-005、不动杆菌属（Acinetobacter）、弧菌属（Vibrio）、拟杆菌属（Bacteroides）和链球菌属（Streptococcus）为经产荷斯坦奶牛乳汁样本中共有的优势菌属。在泌乳 0d 时，链球菌属（Streptococcus）、草螺菌属（Herbaspirillum）和乳球菌属（Lactococcus）为优势菌属，其中链球菌属（Streptococcus）对于治疗牙周炎有一定的作用，对于哺乳犊牛的健康也起到了重要作用。有研究表明，乳球菌属（Lactococcus）可能是诱发乳房炎的新发病原菌，因其在健康乳汁中含量并不丰富，本试验中试验样本为经产荷斯坦奶牛，可能也进一步说明胎次是影响乳房炎发生的原因之一。泌乳 3d 时，Faecalibacterium 和拟杆菌属（Bacteroides）为主要优势菌属，有关 Faecalibacterium 菌的大部分研究都是关于人体健康方面，另有极小部分是与人粪便源追踪相关，有人利用此菌对牛进行粪便追踪检验。弧菌属（Vibrio）是一种革兰阴性菌，广泛分布在海岸及海洋生物体内，可引起人体腹泻，也可由伤口感染，诱发败血症，对于本就患有肝脏疾病的患者可能会危害生命。在本试验中，经产荷斯坦奶牛乳汁菌群中弧菌属（Vibrio）的相对丰度随时间的增加而增加，说明胎次可能会影响牛乳中有害菌的增多，泌乳时间越长，牛乳中有害菌的含量可能也会增多。本试验在 5～60d 中，绝大多数优势菌属未表现出时序差异。

综上所述，荷斯坦奶牛不同泌乳阶段乳汁菌群组成差异大，胎次与泌乳时间可能是导致菌群组成和多样性有差异的原因之一。而不同胎次的荷斯坦奶牛乳汁菌群是具有时序差异的。

2. 泌乳初期奶牛乳汁菌群间的相互关系

本试验为探究荷斯坦奶牛不同泌乳阶段乳汁菌群的相互关系，以微生物在不同样本中的相对丰度为特征，选取TOP50的菌属，利用Spearman方法对荷斯坦奶牛不同泌乳阶段的乳汁菌群进行共现相关网络分析，发现不同胎次间乳汁菌群的相互关系不同，且不同泌乳阶段乳汁菌群的相互关系也不同。初产荷斯坦奶牛乳中存在的潜在有益菌与其他菌属大部分呈正相关关系，而潜在的致病菌与其他菌属大部分呈负相关，例如，魏斯氏菌属（*Weissella*）与初乳中的 *Halogranum*、乳酸杆菌属（*Lactococcus*）、*Parabacteroides* 等优势菌属呈正相关，UCG-005、海杆菌属（*Marinobacter*）等7个优势菌属呈负相关。

本研究中，有益菌魏斯氏菌属（*Weissella*）与大部分有益菌属呈正相关关系，魏斯氏菌属是一种乳酸菌，可以产生细菌素和有机酸等抗菌物质，同时也可以产生胞外多糖，在医疗、食品行业备受关注。有研究发现，其可以缩短食物发酵周期，并对食物风味产生正向的影响，是一种潜在的益生菌。有研究将融合魏斯氏菌等菌从摩洛哥骆驼奶中分离出，发现这些菌株具有快速酸化的能力，对胃液和胆盐有较高的耐受性，有利于在乳产品行业中运用。魏斯氏菌可发酵产生的细菌素、有机酸等抗菌物质可以直接抑制病原菌的生长，通过竞争定植位点等方式起到抑菌作用。有研究从泡菜中分离出食窦魏斯氏菌，发现其对普遍的病原菌有较强的抗黏附活性，有明显的生长抑制作用。由此可见，魏斯氏菌在一定程度上可以通过抑制病原菌的生长来保证食品安全。魏斯氏菌拥有抗菌活性，对胃肠道的吸收有一定的耐受性。已有研究表明，人体核心菌群之一，*Parabacteroides* 的相对丰度与肥胖、非酒精性脂肪肝、糖尿病等疾病的检测指标呈显著负相关，其可能在糖和脂肪代谢等方面发挥正向调节作用。

经产荷斯坦奶牛乳汁中大肠杆菌志贺菌属（*Escherichia-Shigella*）与初乳中的链球菌属（*Streptococcus*）、短波单胞菌属（*Brevundimonas*）、*Faecalibacterium* 等优势菌属呈正相关，潜在的致病菌与其他致病菌呈正相关。有研究结果表明，埃希氏-志贺氏菌属（*Escherichia-Shigella*）与 NAFLD 疾病（非酒精性脂肪性肝病）严重程度有关，与 NAFLD 患者肝脂肪变、炎症损伤及纤维化程度密切相关。链球菌属（*Streptococcus*）是临床常见的致病菌，其中的牛链球菌（*Streptococcus bovis*）是一种在瘤胃中常见的兼性厌氧菌，常见于牛的胃肠道和粪便中，可引起菌血症、败血症等疾病。针对于反刍动物，牛链球菌（*Streptococcus bovis*）还可引起其瘤胃酸中毒，甚至发生急性死亡现象。在瘤胃中，它可以将饲料分解，其中分解产物 D-乳酸菌代谢较缓慢，堆积过多会导致其发生代谢性酸中毒，从而导致产奶量的降低。*Faecalibacterium* 是一种革兰氏阴性杆菌，与免疫状态的改变有关。Ferrocino 等发现，*Faecalibacterium* 的丰度与空腹血糖值之间存在强烈的反向关系，从而证明了炎症与代谢异常之间的关联。

综上所述，不同胎次间荷斯坦奶牛乳汁菌群的相互关系各不相同，但整体看乳中益生菌可能抑制了部分致病菌的增长。

3. 泌乳初期奶牛乳汁菌群与乳成分的关系

本试验研究结果表明，部分优势菌属的相对丰度变化与蛋白质和尿素氮的含量表现出一定的相关性。从乳成分含量的测定来看，初产荷斯坦奶牛的乳成分含量呈波动变化，脂肪含量在泌乳 30d 时差异显著，其余泌乳时间均差异不显著，而与优势菌属的相关性也较弱。其中杜氏杆菌（*Dubosiella*）、瘤胃球菌属（*Ruminococcus*）、明串珠菌属（*Leuconostoc*）、魏斯氏菌属（*Weissella*）、*Candidatus_Puniceispirillum* 和 OM60（NOR5）_clade 与蛋白质和尿素氮的含量有较高程度的正相关。有研究表明，杜氏杆菌属（*Dubosiella*）能有效地调控糖脂代谢，有可能成为新一代的益生菌。瘤胃球菌属（*Ruminococcus*）是健康肠道中的核心菌群，通过代谢产生丁酸盐，以维持肠道稳定。明串珠菌属

(*Leuconostoc*）以碳水化合物为发酵底物，其分解产物多数为有益的乙酸、细菌素、胞外多糖等，其定植可以影响宿主的肠道功能，提高机体的免疫功能。这些菌属主要以蛋白质为发酵底物，这些菌属与乳成分中蛋白质和尿素氮的含量变化呈正相关，在泌乳前期初乳阶段逐渐降低，随后在泌乳后期常乳阶段逐渐稳定。

经产荷斯坦奶牛的乳成分含量变化不显著，脂肪含量在整个泌乳阶段变化不显著，与优势菌属的相关性也较弱。其中尿素氮和蛋白质的含量均在泌乳0d时差异显著，与初产荷斯坦奶牛相比，其与优势菌属的相关性较弱，*Amylibacter*、*HIMB*11、*Candidatus_Puniceispirillum*、*SUP*05*_cluster*、*Ileibacterium*、小杆菌属（*Dialister*）、大肠埃希菌属（*Colidextribacter*）和罗尔斯通菌属（*Ralstonia*）与蛋白质和尿素氮的含量有较高程度的正相关。*HIMB*11可以把二甲巯基丙酸内盐（DMSP）、甘氨酸甜菜碱（GBT）等物质降解为二甲基硫（DMS）和有机胺来参与氮硫循环并且获取能量，*HIMB*11在有机胺及甲基磺酸（MSA）的产生和释放过程中发挥着十分重要的作用。有研究表明，*Colidextribacter*与高脂血症中相关指标存在较强的相关性。这些菌属主要以蛋白质为发酵底物，其与乳成分中蛋白质和尿素氮的含量变化呈正相关，在泌乳前期初乳阶段逐渐降低，随后在泌乳后期常乳阶段逐渐稳定。

综上所述，荷斯坦奶牛乳汁菌群的组成和多样性可能是导致乳成分含量变化的原因之一。

4. 泌乳初期奶牛乳汁菌群功能基因的变化

荷斯坦奶牛乳汁菌群的功能基因因胎次和泌乳阶段而异。研究结果表明，在初产荷斯坦奶牛乳汁菌群中占主要地位的功能基因家族都是微生物生存所需的必需功能，例如，碳水化合物、膜转运、氨基酸代谢、复制和修复、翻译和能量代谢，与在人乳、羊乳和发酵乳中发现的功能基因家族组成相似。其中碳水化合物、膜转运、氨基酸代谢、翻译和能量代谢受泌乳阶段影响，有显著变化，但复制和修复功能基因家族不受泌乳阶段的影响，没有显著变化。碳水化合物、氨基酸代谢、翻译和能量代谢 4 个功能基因主要在泌乳前 3d 呈波动变化，而膜转运功能基因在泌乳前 7d 呈波动变化，其变化均集中在泌乳前期初乳阶段，引起这一变化的原因可能是因为初乳向常乳过渡时乳成分的变化所导致。

在经产荷斯坦奶牛中乳汁菌群中占主要地位的功能基因是碳水化合物、膜转运、氨基酸代谢、复制和修复、翻译和能量代谢，这 6 个相对丰度较高的功能基因家族受泌乳时间影响，在不同泌乳阶段存在显著差异。碳水化合物、膜转运和氨基酸代谢以泌乳 7d 为时间节点，在泌乳前期初乳阶段和泌乳后期常乳阶段有显著差异。而复制和修复、翻译和能量代谢主要集中在泌乳前 3d 呈波动变化，引起这一变化的原因可能是因为经产荷斯坦奶牛的胎次与初产荷斯坦奶牛的不同导致乳汁中优势菌群的变化所导致。

主要参考文献

陈伟,欧阳克蕙,熊小文,2016.牛链球菌与反刍动物瘤胃酸中毒关系的研究进展[J].黑龙江畜牧兽医(09):80-83.

陈喜莹,2021.Ⅰ型和Ⅱ型酮病奶牛血液代谢相关指标的比较和分析[D].长春:吉林大学.

陈渊,朱家增,邓立新,等,2011.牛瘤胃酸中毒发病机制与防治的研究进展[J].中国畜牧兽医,38(06):132-135.

陈韵名,邓烈华,姚华国,2012.D-乳酸的临床研究进展[J].医学研究杂志,41(05):188-190.

崔亮,岳媛媛,乌日娜,2018.明串珠菌应用研究进展[J].乳业科学与技术,41(05):28-34.

丁武蓉,2014.青藏高原传统发酵牦牛奶中乳酸菌多样性及其益生功能研究[D].兰州:兰州大学.

冯疆蓉,2017.甘肃省生鲜乳微生物质量安全评价及有害细菌来源分析[D].兰州:兰州大学.

黄卫强,2015.中国四个地区人母乳中微生物多样性研究[D].乌鲁木齐:内蒙古农业大学.

剧柠,夏淑鸿,2013.原料乳中微生物的多样性[J].食品与发酵工业,39(3):149-150.

李思奇,马守庆,余凯凡,等,2016.母乳微生物种类和来源及其对新生子代作用的研究进展[J].世界华人消化杂志,24(12):1846-1852.

李韵,2013.草螺菌的研究进展[J].中国伤残医学,21(03):233-234.

刘国文,王哲,2004.围产期奶牛能量代谢障碍性疾病的研究进展[J].黑龙江畜牧兽医(08):78-79.

陆德胜,2010.链球菌属的特性及其检验[J].中国当代医药,17(31):80-81.

陆长坤,2021.海洋环境中有机胺、二甲基硫及其前体物的浓度特征和影响因素分析[D].天津:天津农学院.

吕宁, 2018. 母猪乳中菌群结构动态变化研究 [D]. 广州：华南农业大学.

吕元, 叶兴乾, 2012. 杭州地区原料奶中嗜冷菌的分离鉴定 [J]. 中国乳品工业, 40 (03)：43-46.

彭龙, 张立平, 2021. 16S rRNA 高通量测序研究柴芪汤对代谢综合征大鼠肠道菌群的影响 [J]. 世界中医药, 16 (5)：758-764.

其木格苏都, 2017. 自然发酵酸马奶细菌多样性及其基因动态变化研究 [D]. 乌鲁木齐：内蒙古农业大学.

任静, 宋兴舜, 张兰威, 2009. 原料乳中优势嗜冷菌株的确定及其微生物学特征研究 [J]. 食品工业科技, 30 (11)：132-136.

邵磊, 2021. 犊牛常见疾病的防控 [J]. 中国乳业, (10)：112-116.

王健, 2021. 慢性心力衰竭与肠道瘤胃球菌变化相关性研究 [D]. 芜湖：皖南医学院.

王青云, 曹忠胜, 2015. 1例牛链球菌感染所致扁桃体周脓肿及颈深部脓肿 [J]. 微生物与感染, 10 (06)：371-373.

王瑞龙, 吴敏, 2006. 瘤胃微生物对蛋白质降解利用的影响 [J]. 江西畜牧兽医杂志 (03)：7-8+12.

王若勇, 沙小飞, 毛宏伟, 等, 2018. 泌乳天数、胎次、乳成分与牛奶体细胞数关系分析 [J]. 中国牛业科学, 44 (06)：27-30.

王媛, 2018. 利用牛肠道 *Faecalibacterium* 菌的 16S rDNA 基因对水体牛粪便污染源的检测方法研究 [D]. 重庆：重庆大学.

翁春玲, 刘太红, 李馨, 2015. 利用 DHI 数据对奶牛乳蛋白率变化规律及影响因素的研究 [J]. 中国奶牛, (2)：41-44.

席晓敏, 2016. 乳房炎牛乳中微生物多样性及代谢组学研究 [D]. 乌鲁木齐：内蒙古农业大学.

谢芳, 杨承剑, 杨小梅, 等, 2017. 水牛乳中可培养乳酸菌多样性分析 [J]. 中国酿造, 36 (02)：119-122.

杨小龙, 刘莉华, 毕永红, 等, 2023. 蓝藻光合氮同化的特征与分子调控机理研究进展 [J]. 湖泊科学, 35 (3)：766-779.

于国萍, 陈媛, 姚宇秀, 等, 2018. 利用 Illumina MiSeq 高通量测序技术分析原料乳的菌群分布 [J]. 食品科学, 39 (16)：186-191.

徐营, 李霞, 杨利国, 2001. 双歧杆菌的生物学特性及对人体的生理功能 [J]. 微生物学通报, 28 (006)：94-96.

詹经纬, 童津津, 熊本海, 等, 2021. 奶牛乳汁中微生物群落结构变化及其影响因素的研究进展［J］. 动物营养学报，33（07）：3686-3692.

张帆，呙于明，熊本海，2020. 围产期奶牛能量负平衡营养调控研究进展［J］. 动物营养学报，32（07）：2966-2974.

Ba Ckhed F，Roswall J，Peng Y，et al，2015. Dynamics and stabilization of the human gut microbiome during the first year of life［J］. Cell Host Microbe，17（5）：690-703.

Ballard O，Morrow A L，2013. Human milk composition. nutrients and bioactive factors［J］. Pediatric clinics of North America，60（1）：49-74.

Becken B，Davey L，Middleton D R，et al，2021. Genotypic and phenotypic diversity among human isolates of Akkermansia muciniphila［J］. mBio，12（3）：e00478.

Boyaci Gunduz C P，Gaglio R，Franciosi E，et al，2020. Molecular analysis of the dominant lactic acid bacteria of chickpea liquid starters and doughs and propagation of chickpea sourdoughs with selected Weissella confusa［J］. Food Microbiol，91：103490.

Bui T，Shetty S A，Lagkouvardos I，et al, 2016. Comparative genomics and physiology of the butyrate producing bacterium Intestinimonas butyriciproducens［J］. Environ Microbiol Rep，8：1024-1037.

Cabrera-Rubio R，Collado M C，Laitinen K，et al，2012. The human milk microbiome changes over lactation and is shaped by maternal weight and mode of delivery［J］. Am J Clin Nutr，96（3）：544-551.

Campbell A G，Schwientek P，Vishnivetskaya T，et al，2014. Diversity and genomic insights into the uncultured Chloroflexi from the human microbiota［J］. Environ Microbiol，16（9）：2635-2643.

Caporaso J G，Kuczynski J，Stombaugh J，et al，2010. QIIME allows analysis of high-throughput community sequencing data［J］. Nat Methods，7（5）：335-336.

Chambers E S，Preston T，Frost G，et al，2018. Role of gut microbiota-generated short-chain fatty acids in metabolic and cardiovascular health［J］. Curr Nutr Rep，7（4）：198-206.

Chumpitazi B P，Hoffman K L，Smith D P，et al，2021. Fructan-sensitive children with irritable bowel syndrome have distinct gut microbiome signatures［J］. Aliment Pharmacol Ther，53（4）：499-509.

Condas L A Z，De Buck J，Nobrega D B，et al，2017. Prevalence of non-aureus staphylococci species causing intramammary infections in Canadian dairy herds［J］. Journal of dairy science，100（7）：5592-5612.

Costa M, Di Pietro R, Bessegatto J A, et al, 2021. Evaluation of changes in microbiota after fecal microbiota transplantation in 6 diarrheic horses [J]. Can Vet J, 62 (10): 1123-1130.

Crusell M K W, Hansen T H, Nielsen T, et al, 2018. Gestational diabetes is associated with change in the gut microbiota composition in third trimester of pregnancy and postpartum [J]. Microbiome, 6 (1): 89.

Daghio M, Ciucci F, Buccioni A, et al, 2021. Correlation of breed, growth performance, and rumen microbiota in two rustic cattle breeds reared under different conditions [J]. Front microbiol, 12: 652031.

Damaceno Q S, Souza J P, Nicoli J R, et al, 2017. Evaluation of potential probiotics isolated from human milk and colostrum [J]. Probiotics Antimicrob Proteins, 9 (4): 371-379.

Davis M Y, Zhang H, Brannan L E, et al, 2016. Rapid change of fecal microbiome and disappearance of Clostridium difficile in a colonized infant after transition from breast milk to cow milk [J]. Microbiome, 4 (1): 53.

Derakhshani H, Fehr K B, Sepehri S, et al, 2018. Invited review: Microbiota of the bovine udder: Contributing factors and potential implications for udder health and mastitis susceptibility [J]. J Dairy Sci, 101 (12): 10605-10625.

Derakhshani H, Plaizier J C, De Buck J, et al, 2018. Association of bovine major histocompatibility complex (BoLA) gene polymorphism with colostrum and milk microbiota of dairy cows during the first week of lactation [J]. Microbiome, 6 (1): 203.

de Vos W M, Nieuwdorp M, 2013. A gut prediction [J]. Nature, 498 (7452): 48-49.

Díaz-Ropero M P, Martín R, Sierra S, et al, 2007. Two Lactobacillus strains, isolated from breast milk, differently modulate the immune response [J]. J Appl Microbiol, 102 (2): 337-343.

Doyle C J, Gleeson D, O'Toole P W, et al, 2016. Impacts of seasonal housing and teat preparation on raw milk microbiota: a high-throughput sequencing study [J]. Appl Environ Microbiol, 83 (2): e02694.

Doyle C J, Gleeson D, O'Toole PW, et al, 2017. High-throughput metataxonomic characterization of the raw milk microbiota identifies changes reflecting lactation stage and storage conditions [J]. Int J Food Microbiol, 255: 1-6.

Downes J, Dewhirst F E, Tanner A C R, et al, 2013. Description of Alloprevotella rava gen. nov. sp. nov. isolated from the human oral cavity, and reclassification of Prevotella tannerae Moore et al, 1994 as Alloprevotella tannerae gen. nov. comb. nov. [J]. Int J Syst Evol Microbiol, 63 (Pt 4): 1214-1218.

Duan R, Guan X, Huang K, et al, 2021. Flavonoids from whole-grain oat alleviated high-fat diet-induced hyperlipidemia via regulating bile acid metabolism and gut Microbiota in mice [J]. J Agric Food Chem, 69 (27): 7629-7640.

Edgar R C, 2013. UPARSE: highly accurate OTU sequences from microbial amplicon reads [J]. Nat Methods, 10 (10): 996-998.

Emig D, Ivliev A, Pustovalova O, et al, 2013. Drug target prediction and repositioning using an integrated network-based approach [J]. PloS one, 8 (4): e60618.

Falentin H, Rault L, Nicolas A, et al, 2016. Bovine Teat microbiome analysis revealed reduced alpha diversity and significant changes in taxonomic profiles in quarters with a history of mastitis [J]. Front Microbiol, 7: 480.

Fang S, Xiong X, Su Y, et al, 2017. 16S rRNA gene-based association study identified microbial taxa associated with pork intramuscular fat content in feces and cecum lumen [J]. BMC Microbiol, 17 (1): 162.

Ferrocino I, Ponzo V, Gambino R, et al, 2018. Changes in the gut microbiota composition during pregnancy in patients with gestational diabetes mellitus (GDM) [J]. Sci Rep, 8 (1): 12216.

Flint H J, Scott K P, Louis P, et al, 2012. The role of the gut microbiota in nutrition and health [J]. Nat Rev Gastroenterol Hepatol, 9 (10): 577-589.

Franzosa E A, Sirota-Madi A, Avila-Pacheco J, et al, 2019. Gut microbiome structure and metabolic activity in inflammatory bowel disease [J]. Nat Microbiol, 4 (2): 293-305.

Fusco V, Quero G M, Morea M, et al, 2011. Rapid and reliable identification of Staphylococcus aureus harbouring the enterotoxin gene cluster (egc) and quantitative detection in raw milk by real time PCR [J]. Int J Food Microbiol, 144 (3): 528-537.

Giello M, La Storia A, Masucci F, et al, 2017. Dynamics of bacterial communities during manufacture and ripening of traditional Caciocavallo of Castelfranco cheese in relation to cows' feeding [J]. Food Microbiol (63): 170-177.

Gomes Carvalho Alves K L, Granja-Salcedo Y T, Messana J D, et al, 2020. Rumen bacterial diversity in relation to nitrogen retention in beef cattle [J]. Anaerobe, 67 (1): 102316.

Gomez de Agüero M, Ganal-Vonarburg S C, Fuhrer T, et al, 2016. The maternal microbiota drives early postnatal innate immune development [J]. Science, 351 (6279): 1296-1302.

Gomez-Gallego C, Garcia-Mantrana I, Salminen S, et al, 2016. The human milk microbiome and factors influencing its composition and activity. Semin Fetal Neonatal Med, 21 (6): 400-405.

Granado-Serrano A B, Martín-Garí M, Sánchez V, et al, 2019. Faecal bacterial and short-chain fatty acids signature in hypercholesterolemia [J]. Sci Rep, 9 (1): 1772.

Guo J, Zhang X, Saiganesh A, et al, 2020. Linking the westernised oropharyngeal microbiome to the immune response in Chinese immigrants [J]. Allergy Asthma Clin Immunol, 16 (1): 67.

Haas B J, Gevers D, Earl A M, et al, 2011. Chimeric 16S rRNA sequence formation and detection in Sanger and 454-pyrosequenced PCR amplicons [J]. Genome Res, 21 (3): 494-504.

Heikkilä M P, Saris P E, 2003. Inhibition of Staphylococcus aureus by the commensal bacteria of human milk [J]. J Appl Microbiol, 95 (3): 471-478.

Holman D B, Gzyl K E, 2019. A meta-analysis of the bovine gastrointestinal tract microbiota [J]. FEMS Microbiol Ecol, 95 (6): fiz072.

Huang S, Ji S, Yan H, et al, 2020. The Day-to-day Stability of the Ruminal and Fecal Microbiota in Lactating Dairy Cows [J]. MicrobiologyOpen, 9 (5): e990.

Hunt K M, Foster J A, Forney L J, et al, 2011. Characterization of the diversity and temporal stability of bacterial communities in human milk [J]. PLoS One, 6 (6): e21313.

Jang H J, Kang M S, Yi S H, et al, 2016. Comparative study on the characteristics of weissella cibaria CMU and probiotic strains for oral care [J]. Molecules, 21 (12): 1752.

Jost T, Lacroix C, Braegger C, et al, 2014. Stability of the maternal gut microbiota during late pregnancy and early lactation [J]. Curr Microbiol, 68 (4): 419-427.

Khodayar-Pardo P, Mira-Pascual L, Collado M C, et al, 2014. Impact of lactation stage, gestational age and mode of delivery on breast milk microbiota [J]. J Perinatol, 34 (8): 599-605.

Kong F, Gao Y, Tang M, et al, 2020. Effects of dietary rumen-protected Lys levels on rumen fermentation and bacterial community composition in Holstein heifers [J]. Appl Microbiol Biotechnol, 104 (15): 6623-6634.

Koren O, Goodrich J K, Cullender T C, et al, 2012. Host remodeling of the gut microbiome and metabolic changes during pregnancy [J]. Cell, 150 (3): 470-480.

Lamendella R, Domingo J W, Ghosh S, et al, 2011. Comparative fecal metagenomics unveils unique functional capacity of the swine gut [J]. BMC Microbiol, 11: 103.

Laursen M F, Bahl M I, Michaelsen K F, et al, 2017. First foods and gut microbes [J]. Front Microbiol, 8: 356.

Larsen M, Kristensen N B, 2009. Effect of abomasal glucose infusion on splanchnic amino acid metabolism in periparturient dairy cows [J]. J Dairy Sci, 92 (3): 1071-1083.

Le Chatelier E, Nielsen T, Qin J, et al, 2013. Richness of human gut microbiome correlates with metabolic markers [J]. Nature, 500 (7464): 541-546.

Le Doare K, Holder B, Bassett A, et al, 2018. Mother's Milk: a purposeful contribution to the development of the infant microbiota and immunity [J]. Front Immunol, 9: 361.

Lee J E, Yoon S H, Lee G Y, et al, 2020. Chryseobacterium vaccae sp. nov., isolated from raw cow's milk [J]. Int J Syst Evol Microbiol, 70 (9): 4859-4866.

Li L, Guo W L, Zhang W, et al, 2019. Grifola frondosa polysaccharides ameliorate lipid metabolic disorders and gut microbiota dysbiosis in high-fat diet fed rats [J]. Food Funct, 10 (5): 2560-2572.

Li L, Renye J A Jr, Feng L, et al, 2016. Characterization of the indigenous microflora in raw and pasteurized buffalo milk during storage at refrigeration temperature by high-throughput sequencing [J]. J Dairy Sci, 99 (9): 7016-7024.

Li N, Wang Y, You C, et al, 2018. Variation in raw milk microbiota throughout 12 months and the impact of weather conditions [J]. Sci Rep, 8 (1): 2371.

Li Z, Wright A G, Yang Y, et al, 2017. Unique bacteria community composition and co-occurrence in the milk of different ruminants [J]. Sci Rep, 7: 40950.

Lima S F, Teixeira A G V, Lima F S, et al, 2017. The bovine colostrum microbiome and its association with clinical mastitis [J]. J Dairy Sci, 100 (4): 3031-3042.

Lin P P, Hsieh Y M, Tsai C C, 2009. Antagonistic activity of Lactobacillus acidophilus RY2 isolated from healthy infancy feces on the growth and adhesion characteristics of enteroaggregative Escherichia coli [J]. Anaerobe, 15 (4): 122-126.

Liu J, Yang H, Yin Z, et al, 2017. Remodeling of the gut microbiota and structural shifts in Preeclampsia patients in South China [J]. Eur J Clin Microbiol Infect Dis, 36 (4): 713-719.

Lozupone C, Knight R, 2005. UniFrac: a new phylogenetic method for comparing microbial communities [J]. Appl Environ Microbiol, 71 (12): 8228-35.

Ma Q, Li Y, Li P, et al, 2019. Research progress in the relationship between type 2 diabetes mellitus and intestinal flora [J]. Biomed Pharmacother, 117: 109138.

Magoč Tanja, Salzberg Steven L, 2011. FLASH: fast length adjustment of short reads to improve genome assemblies [J]. Bioinformatics, 27 (21): 57-63.

Mahana D, Trent C M, Kurtz Z D, et al, 2016. Antibiotic perturbation of the murine gut microbiome enhances the adiposity, insulin resistance, and liver disease associated with high-fat diet [J]. Genome Med, 8 (1): 48.

Mao S, Zhang M, Liu J, et al, 2015. Characterising the Bacterial Microbiota across the Gastrointestinal tracts of dairy cattle: membership and potential function [J]. Sci Rep, 5 (1): 16116.

Mao S, Zhang R, Wang D, et al, 2012. The diversity of the fecal bacterial community and its relationship with the concentration of volatile fatty acids in the feces during subacute rumen acidosis in dairy cows [J]. BMC Vet Res, 8: 237.

Masoud W, Vogensen F K, Lillevang S, et al, 2012. The fate of indigenous microbiota, starter cultures, Escherichia coli, Listeria innocua and Staphylococcus aureus in Danish raw milk and cheeses determined by pyrosequencing and quantitative real time (qRT) -PCR [J]. Int J Food Microbiol, 153 (1-2): 192-202.

Mayorga O L, Kingston-Smith A H, Kim E J, et al, 2016. Temporal metagenomic and metabolomic characterization of fresh perennial ryegrass degradation by rumen bacteria [J]. Front Microbiol, 7: 1854.

Mercha I, Lakram N, Kabbour M R, et al, 2020. Probiotic and technological features of Enterococcus and Weissella isolates from camel milk characterised by an Argane feeding regimen [J]. Arch Microbiol, 202 (8): 2207-2219.

Meyer J L, Gunasekera S P, Scott R M, et al, 2016. Microbiome shifts and the inhibition of quorum sensing by Black Band Disease cyanobacteria [J]. ISME J, 10 (5): 1204-1216.

Moore S G, Ericsson A C, Poock S E, et al, 2017. Hot topic: 16SrRNA gene sequencing reveals the micorbiome of the virgin and pregnant bovine uterus [J]. J Dairy Sci, 100 (6): 4953-4960.

Moossavi S, Sepehri S, Robertson B, et al, 2019. Composition and variation of the human milk microbiota are influenced by maternal and early-life factors. Cell Host Microbe, 25 (2): 324-335.

Murphy K, Curley D, O'Callaghan T F, et al, 2017. The composition of human milk and infant fecal microbiota over the first three months of life: a pilot study [J]. Sci Rep, 7: 40597.

Nakajima A, Kaga N, Nakanishi Y, et al, 2017. Maternal high fiber diet during pregnancy and lactation influences regulatory T cell differentiation in offspring in mice [J]. J Immunol, 199 (10): 3516-3524.

Nalepa B, Olszewska MA, Markiewicz LH, 2018. Seasonal variances in bacterial microbiota and volatile organic compounds in raw milk [J]. Int J Food Microbiol, 267: 70-76.

Neubauer, V., Petri, et al, 2018. High-grain diets supplemented with phytogenic compounds or autolyzed yeast modulate ruminal bacterial community and fermentation in dry cows [J]. J Dairy Sci, 101 (3): 2335-2349.

Oikonomou G, Bicalho M L, Meira E, et al, 2014. Microbiota of cow's milk: distinguishing healthy, sub-clinically and clinically diseased quarters [J]. PLoS One, 9 (1): e85904.

Ozcan N, Dal T, Tekin A, et al, 2013. Is Chryseobacterium indologenes a shunt-lover bacterium? A case report and review of the literature [J]. Infez Med, 21 (4): 312-316.

Pacífico C, Petri R M, Ricci S, et al, 2021. Unveiling the bovine epimural microbiota composition and putative function [J]. Microorganisms, 9 (2): 342.

Palmer R J, 2014. Composition and development of oral bacterial communities [J]. Periodontol 2000, 64: 20-39.

Paritsky M, Pastukh N, Brodsky D, et al, 2015. Association of Streptococcus bovis presence in colonic content with advanced colonic lesion [J]. World J Gastroenterol, 21 (18): 5663-5667.

Park M S, Park K H, Bahk G J, 2018. Interrelationships between Multiple Climatic Factors and Incidence of Foodborne Diseases [J]. Int J Environ Res Public Health, 15 (11): 2482.

Ponzo V, Fedele D, Goitre I, et al, 2019. Diet-gut microbiota interactions and gestational diabetes mellitus (GDM) [J]. Nutrients, 11 (2): 330.

Quigley L, O'Sullivan O, Stanton C, et al, 2013. The complex microbiota of raw milk. FEMS Microbiol Rev, 37 (5): 664-698.

Ran T, Tang S X, Yu X, et al, 2021. Diets varying in ratio of sweet sorghum silage to corn silage for lactating dairy cows: Feed intake, milk production, blood biochemistry, ruminal fermentation, and ruminal microbial community [J]. J Dairy Sci, 104 (12): 12600-

12615.

Riffon R, Sayasith K, Khalil H, et al, 2001. Development of a rapid and sensitive test for identification of major pathogens in bovine mastitis by PCR [J]. J Clin Micro, 39 (7): 2584-2589.

Rodrigues M X, Lima S F, Higgins C H, et al, 2016. The Lactococcus genus as a potential emerging mastitis pathogen group: A report on an outbreak investigation [J]. J Dairy Sci, 99 (12): 9864-9874.

Rognes T, Flouri T, Nichols B, et al, 2016. VSEARCH: a versatile open source tool for metagenomics [J]. PeerJ, 4: e2584.

Roth-Schulze A J, Penno M, Ngui K M, et al, 2021. Type 1 Diabetes in pregnancy is associated with distinct changes in the composition and function of the gut microbiome [J]. Microbiome, 9 (1): 167.

Röttjers L, Faust K, 2018. From hairballs to hypotheses-biological insights from microbial networks [J]. FEMS Microbiol Rev, 42 (6): 761-780.

Sato S, Kohno M, Murayama I, et al, 2005. Association of prepartum blood glucose and non-esterified fatty acid and postpartum negative energy balance in dairy cows [J]. Jap J Vet Clin, 28 (1): 1-6.

Shi S, Qi Z, Gu B, et al, 2019. Analysis of high-throughput sequencing for cecal microbiota diversity and function in hens under different rearing systems [J]. 3 Biotech, 9 (12): 438.

Shi Y, Miao Z Y, Su J P, et al, 2021. Shift of maternal gut microbiota of tibetan antelope (pantholops hodgsonii) during the periparturition period [J]. Curr Microbiol, 78 (2): 727-738.

Skarlupka JH, Kamenetsky ME, Jewell KA, et al, 2019. The ruminal bacterial community in lactating dairy cows has limited variation on a day-to-day Basis [J]. J Anim Sci Biotechnol, 10: 66.

Soto A, Martín V, Jiménez E, et al, 2014. Lactobacilli and bifidobacteria in human breast milk: influence of antibiotherapy and other host and clinical factors. J Pediatr Gastroenterol Nutr, 59 (1): 78-88.

Su YC, Liu C, 2007. Vibrio parahaemolyticus: a concern of seafood safety. Food Microbiol, 24 (6): 549-558.

Tofalo R, Cocchi S, Suzzi G, 2019. Polyamines and gut microbiota [J]. Front Nutr, 6:

16.

Tong J J, Zhang H, Wang J, et al, 2020. Effects of different molecular weights of chitosan on methane production and bacterial community structure in vitro [J]. J Integr Agric, 19 (6): 1644-1655.

Toya T, Corban M T, Marrietta E, et al, 2020. Coronary artery disease is associated with an altered gut microbiome composition [J]. PLoS One, 15 (1): e0227147.

Tremlett H, Zhu F, Arnold D, et al, 2021. The gut microbiota in pediatric multiple sclerosis and demyelinating syndromes [J]. Ann clin transl neurol, 8 (12): 2252-2269.

Urbaniak C, McMillan A, Angelini M, et al, 2014. Effect of chemotherapy on the microbiota and metabolome of human milk, a case report [J]. Microbiome, 2: 24.

Vacheyrou M, Normand A C, Guyot P, et al, 2011. Cultivable microbial communities in raw cow milk and potential transfers from stables of sixteen French farms [J]. Int J Food Microbiol, 146 (3): 253-262.

Vandeputte D, Falony G, Vieira-Silva S, et al, 2017. Prebiotic inulin-type fructans induce specific changes in the human gut microbiota [J]. Gut, 66 (11): 1968-1974.

Vithanage N R, Dissanayake M, Bolge G, et al, 2017. Microbiological quality of raw milk attributable to prolonged refrigeration conditions. J Dairy Res, 84 (1): 92-101.

Walker W A, Iyengar R S, 2015. Breast milk, microbiota, and intestinal immune homeostasis [J]. Pediatr Res, 77 (1-2): 220-228.

Wang J, Zheng J, Shi W, et al, 2018. Dysbiosis of maternal and neonatal microbiota associated with gestational diabetes mellitus [J]. Gut, 67 (9): 1614-1625.

Wang K, Liao M, Zhou N, et al, 2019. Parabacteroides distasonis alleviates obesity and metabolic dysfunctions via production of succinate and secondary bile acids [J]. Cell Rep, 26 (1): 222-235.

Wang L, Liu K, Wang Z, et al, 2019. Bacterial community diversity associated with different utilization efficiencies of nitrogen in the gastrointestinal tract of goats [J]. Front microbiol, 10: 239.

Wang Q, Garrity G M, Tiedje J M, et al, 2007. Naive Bayesian classifier for rapid assignment of rRNA sequences into the new bacterial taxonomy [J]. Appl Environ Microbiol, 73 (16): 5261-5267.

Wang X, Lu H, Feng Z, er al, 2017. Development of human breast milk microbiota-associated mice as a method to identify breast milk bacteria capable of colonizing gut [J].

Front Microbiol, 8: 1242.

Wei Z, Xie X, Xue M, et al, 2021. The effects of non-fiber carbohydrate content and forage type on rumen microbiome of dairy cows [J]. Animals, 11 (12): 3519.

Xin F Z, Zhao Z H, Liu X L, et al, 2022. Escherichia fergusonii Promotes Nonobese Nonalcoholic Fatty Liver Disease by Interfering with Host Hepatic Lipid Metabolism Through Its Own msRNA 23487 [J]. Cell Mol Gastroenterol Hepatol, 13 (3): 827-841.

Xu H, Huang W, Hou Q, et al, 2017. The effects of probiotics administration on the milk production, milk components and fecal bacteria microbiota of dairy cows [J]. Sci Bull, 62 (11): 767-774.

Xue M, Sun H, Wu X, et al, 2018. Assessment of rumen microbiota from a large dairy cattle cohort reveals the pan and core bacteriomes contributing to varied phenotypes [J]. Appl Environ Microbiol, 84 (19): e00970.

Yang H T, Liu J K, Xiu W J, et al, 2021. Gut microbiome-based diagnostic model to predict diabetes mellitus [J]. Bioengineered, 12 (2): 12521-12534.

Yue S, Zhao D, Peng C X, et al, 2019. Effects of theabrownin on serum metabolites and gut microbiome in rats with a high-sugar diet [J]. Food Funct, 10 (11): 7063-7080.

Zhang F, Wang Z, Lei F, et al, 2017. Bacterial diversity in goat milk from the Guanzhong area of China [J]. J Dairy Sci, 100 (10): 7812-7824.

Zhang R, Huo W, Zhu W, et al, 2015. Characterization of bacterial community of raw milk from dairy cows during subacute ruminal acidosis challenge by high-throughput sequencing [J]. J Sci Food Agric, 95 (5): 1072-1079.

Zhang W, Liu M Q, Dai X J, 2013. Biological characteristicsand probiotic effect of Leuconostoc lactis strain isolated from theintestine of black porgy fish [J]. Braz J Microbiol, 44 (3): 685-691.

Zheng G, Yampara-Iquise H, Jones J E, et al, 2009. Development of Faecalibacterium 16S rRNA gene marker for identification of human faeces [J]. J Appl Microbiol, 106 (2): 634-641.

Zheng H, Liang H, Wang Y, et al, 2016. Altered gut microbiota composition associated with eczema in infants [J]. PLoS One, 11 (11): e0166026.

Zheng H, Wang H, Dewhurst R, et al, 2018. Improving the inference of co-occurrence networks in the bovine rumen microbiome [J]. IEEE/ACM Trans Comput Biol Bioinform, 17 (3): 858-867.

Zheng R, Liu R, Shan Y, et al, 2021. Characterization of the first cultured free-living representative of Candidatus Izemoplasma uncovers its unique biology [J]. ISME J, 15 (9): 2676-2691.

Zhan J, Liu M, Wu C, et al, 2017. Effects of alfalfa flavonoids extract on the microbial flora of dairy cow rumen [J]. Asian-Australas J Anim Sci, 30 (9): 1261-1269.

Zhang G, Wang Y, Luo H, et al, 2019. The association between inflammaging and age-related changes in the ruminal and fecal microbiota among lactating Holstein cows [J]. Front microbiol, 10: 1803.

Zhou L, Zhang M, Wang Y, et al, 2018. Faecalibacterium prausnitzii produces butyrate to maintain Th17/Treg balance and to ameliorate colorectal colitis by inhibiting histone deacetylase 1 [J]. Inflamm Bowel Dis, 24 (9): 1926-1940.

Zhu H Z, Liang Y D, Ma Q Y, et al, 2019. Xiaoyaosan improves depressive-like behavior in rats with chronic immobilization stress through modulation of the gut microbiota [J]. Biomed Pharmacother, 112: 108621.

Zhu Z, Difford G F, Noel S J, et al, 2021. Stability assessment of the rumen bacterial and archaeal communities in dairy cows within a single lactation and its association with host phenotype [J]. Front Microbiol, 12: 636223.

第二章 犊牛后肠道菌群母源传递特征和时序分析

扫码看本章彩图

第一节 新生犊牛后肠道菌群母源传递特征

一、新生犊牛后肠道菌群母源传递特征的研究意义

近年来，人们在生活中对于乳制品的需求越来越高，奶牛的健康水平及生产性能直接关系我国奶业的发展。奶牛利用胃肠道的微生物区群将粗纤维物质转化为营养物质。这些微生物在宿主生长发育过程中也起到重要的作用，例如，这些肠道菌群通过充当抵抗入侵病原体的屏障来提高宿主的免疫能力以及促进免疫细胞的增殖。健康的肠道菌群可以提高奶牛的生理健康水平和能量利用率。因此奶牛肠道微生物群的研究越来越受到重视，但子代肠道微生物的早期来源和定植规律仍未确定。

目前对人类与啮齿类动物肠道早期定植菌的结构和来源的解析显示，哺乳动物肠道早期定植菌具有很强的母源特征，包括经生殖细胞传播、妊娠期经胎盘传播、分娩期经产道传播、及产后经乳汁传播。犊牛和母牛产前主要的联系是脐带，在产后受母体产道及初乳的影响，新生犊牛迅速构建母乳依赖型的肠道菌群，此后随着肠道发育带来的肠腔环境改变、饲粮结构逐渐丰富、断奶应激等因素，肠道内特定菌群的定植位点发生转变，微生物多样性逐渐丰富。肠道菌群还可参与宿主免疫系统的激活，在肠屏障功能的构建过程中发挥重要作用。母体肠道菌群也能够及时为子代先天免疫做好准备，以应对子代随之而来的肠道菌群定植。

此前，人们认为哺乳动物在出生前一直是在无菌的子宫内进行发育、生长，在出生时才开始接触外源微生物。但近几年来研究人员在母体妊娠期间从

肠道、产道、羊水、胎盘和脐带等部位都发现了微生物的存在，这些微生物可能通过上皮空隙进入孕妇的血液中，并随着血液循环进入胎盘。这表明母代可通过不同部分将微生物垂直传递给子代。

Aagaard 等在胎盘中发现了一群低丰度但新陈代谢丰富的微生物群，其中数量最多的是来自肠道的非致病性大肠埃希菌，意味着肠道也可能是胎盘微生物的重要来源。Satokari 等发现胎盘及胎便中均存在乳杆菌属和双歧杆菌属，说明母体在妊娠期间就与子代发生了菌群的传递，并且可能通过羊水、脐带血、胃肠道等渠道将自身菌群传递给子代。Urbania 等研究发现母乳、产妇粪便、婴儿粪便和母亲外周血单核细胞中的细菌 DNA 显示出高度的同源性，母体乳汁中的低聚糖等营养成分可通过调控细胞增殖及作为益生元等途径影响子代肠道菌群早期定植。Bian 等对母猪的研究得出，母体乳汁中不同营养成分的含量对仔猪肠道菌群结构有显著影响。目前还有学者将研究锁定在羊水，发现羊水并非完全无菌。羊水菌群可能来自母亲的肠道菌群、口腔菌群、阴道菌群等。Ardissone 等将早产儿的胎便微生物群与母体羊水、阴道和口腔微生物群数据进行了比较分析，发现子代胎便微生物群与母体羊水微生物群两者间有最多重叠，这说明羊水中的微生物可能通过某种途径进入子代体内。种种研究表明子代肠道菌群的定植可能在母体子宫中就开始，母体与其子代间在传统意义上"血脉"传承的同时，也可能以"胎盘-脐带血"或"胎盘-羊水"等途径进行了"菌脉"传递，使子代肠道菌群具有强烈的母源性。

生命早期是肠道微生物群定植和成熟的关键时期，母体不同部位菌群均可定性、定量影响子代肠道中细菌含量。Drell 等在 3 个不同时间点比较了母体不同位置微生物群（肠内、阴道、口服、母乳和乳晕）对婴儿出生后 6 个月肠道微生物群发育的影响，发现婴儿肠道存在独特的微生物群落，与婴儿出生 6 个月内母亲肠道、阴道、皮肤、母乳和口腔的微生物群极为相似。Quercia 等对分娩母马与出生后 10 日龄马驹的粪便进行取样，研究了时间动态变化下新生马驹肠道微生物群的发育轨迹：从胎粪到出生第 3 天，马驹肠道微生物群落迅速变化，从出生第 3 天到第 5 天，继承了母马肠道微生物群落的核心菌群。Mayer 等研究得出犊牛胎粪微生物组成与出生后 6h 及 12h 的粪便微生物群非常相似，胎粪样本与出生 24h 后的粪便样本间差异更加明显。随着犊牛日龄和饮食的变化，肠道菌群复杂性和多样性逐渐增加。Uyeno 等得出犊牛出生后的 12 周内随着消化道不断代谢与发育，其肠道菌群落发生了动态变化；Jami 等研究了从 1 日龄、2 月龄、6 月龄犊牛及两岁青年牛 4 个不同年龄组的瘤胃细菌总数，得出早期且连续的细菌定植发生在了犊牛肠道中，并且随着年龄增长，犊牛菌群多样性与群体内相似性增加并逐渐趋向成年母牛菌群构成；Alipour 等采集了犊牛胎粪，分析了 7 日龄内犊牛肠道菌群变化状况，并对犊牛和母牛肠道菌群进行比对。以上研究得出，胎儿晚期肠道中含有的微生物群虽然低丰度但多样，子代肠道菌群在生命最初几个星期之内经历了明显且连续的变化，并逐渐与母代肠道菌群构成趋于一致。

哺乳动物的肠道菌群与机体的营养、代谢、免疫等生理功能有着密不可分的联系，肠道微生物可通过脂蛋白、LPS 和代谢产物等特定组成成分调节宿主免疫反应，对健康肠道免疫系统的发展和维护具有重要的作用。妊娠期间肠道菌群的变化会导致母体的相关免疫抗体及免疫分子浓度产生变化，并通过胎盘进入胎儿体内后对胎儿器官功能发育及免疫系统建立产生影响；子代刚出生时期是肠道菌群定植的关键时期，从子代早期发育到成年阶段，肠道菌群均有助于胃肠道免疫系统组织和细胞的发育及免疫分子的分泌，菌群的定植对免疫系统发育成熟具有重要意义。

二、新生犊牛后肠道微生物母源传递特征

（一）试验材料与方法

1. 实验动物

本试验在黑龙江省某规模化养牛场进行，选取 15 头健康且预产期相近的

荷斯坦奶牛（2～3胎）进行试验。试验期内所有的母牛均在同一牛舍内饲养，并在预产期前1周左右集体转移至产房。所有待产奶牛均在农场工人的监督下产犊。犊牛出生后，排除死亡、难产、腹泻等因素，最终筛选出6对荷斯坦奶牛及其所生犊牛进行研究，奶牛与犊牛的筛选标准见表2-1。在生产当天采集奶牛的胎盘（PA）、羊水（AF）、初乳（CM）、粪便（CW）和犊牛的脐带（UC）、胎粪（CF）样本，所有样本均由同一名经验丰富的兽医取样，围产期奶牛日粮成分和营养含量如表2-2所示。

表 2-1　奶牛与犊牛筛选标准

初乳中 IgG 含量（mg/mL）	奶牛初乳产量（L）	犊牛初生重（kg）
51.15±0.64	4.05±0.18	41.67±1.54

表 2-2　围产期奶牛日粮成分和营养含量

日粮成分	占比（%）	营养水平	数值	单位
玉米青贮	62.24	干物质（DM）	51.42	%
燕麦草	18.67	产奶净能（NEL）	5.90	MJ/kg
麦麸	0.91	粗蛋白（CP）	15.30	%
豆粕	3.63	粗脂肪（EE）	2.70	%
米糠粕	0.78	中性洗涤纤维（NDF）	46.90	%
棉籽粕46%	3.95	酸性洗涤纤维（ADF）	33.40	%
玉米胚芽粕	5.41	灰分（Ash）	6.96	%
干酒糟及其可溶物	3.91	钙（Ca）	0.46	%
石粉	0.5	磷（P）	0.30	%
总计	100			

2. 样本采集

在分娩的第二阶段，当羊水囊泡清晰可见且完好无损时，使用无菌手套和60mL无菌注射器，用70%乙醇拭子擦拭胎膜后，采用穿刺法取出至少50mL羊水，将其放入两个无菌管中。在分娩后1h内无菌采集胎盘、脐带、初乳、牛粪和胎粪样本。胎盘自然娩出后，由兽医佩戴口罩和无菌手套，使用无菌手术刀从胎盘和脐带的不同区域采集两个约 1cm³ 的切片，并用生理盐水冲洗。一旦胎盘掉在地上，就停止取样，并将该头犊牛从实验动物中剔除。对脐带进行采样时，避免了在脐带血管通过的部位采集，以防止血液污染样本。在收集初乳时，由兽医佩戴口罩和无菌手套，先用无菌生理盐水擦洗奶牛的乳头和周围区域，再用 75% 的乙醇拭子消毒，并丢弃前几滴初乳（约 5mL），再将初乳样品（约 50mL）置于两个无菌管中。考虑到采样的非侵入性，由兽医佩戴无菌手套对奶牛和尚未被饲喂初乳的新生犊牛进行直肠取样，将采集的大约 20g 奶牛粪便和犊牛胎粪样本放入两个无菌管中。采样后，所有样品均迅速投入液氮罐中暂存，并立即运至 −80℃ 冰箱中保存。

3. DNA 提取

吸取 1 000uL CTAB 裂解液至 2.0mL EP 管，加入 20μL 溶菌酶，将适量的样品加入裂解液中，65℃水浴（时间为 2h），期间颠倒混匀数次，以使样品充分裂解。离心取 950μL 上清液，加入与上清液等体积的酚（pH 8.0）：氯仿：异戊醇（25∶24∶1），颠倒混匀，12 000r/min 离心 10min。取上清液，加入等体积的氯仿：异戊醇（24∶1），颠倒混匀，12 000r/min 离心 10min。吸取上清液至 1.5mL 离心管里，加入上清液 3/4 体积的异丙醇，上下摇晃，−20℃沉淀。12 000r/min 离心 10min 倒出液体，用 1mL 75%乙醇洗涤 2 次，剩余的少量液体可再次离心收集，然后用枪头吸出。超净工作台吹干或者室温晾干，加入 51μL ddH$_2$O 溶解 DNA 样品，加 RNase A 1μL 消化 RNA，37℃放置 15min。之后利用琼脂糖凝胶电泳检测 DNA 的纯度和浓度，取适量样品于离心管中，使用无菌水稀释样品至 1ng/μL。

4. PCR 扩增

以稀释后的基因组 DNA 为模板，使用带 Barcode 的特异引物 515F-806R，使用 New England Biolabs 公司的 Phusion® High-Fidelity PCR Master Mix with GC Buffer 作为酶和缓冲液进行 PCR，98℃预变性 1min，PCR 产物利用

2%浓度的琼脂糖凝胶进行电泳检测。

5. PCR 产物的混样与纯化

根据 PCR 产物浓度进行等浓度混样，充分混匀后使用 1×TAE 浓度 2% 的琼脂糖胶电泳纯化 PCR 产物，选择主带大小在 400~450bp 的序列，割胶回收目标条带。产物纯化试剂盒采用 GeneJET 胶回收试剂盒（Thermo Scientific 公司）。

6. 文库构建和上机测序

使用 Illumina 公司 TruSeq DNA PCR-Free Library Preparation Kit 建库试剂盒进行文库的构建，构建好的文库经过 Qubit 定量和文库检测，合格后，使用 NovaSeq 6000 进行上机测序。

7. 序列分析

根据 Barcode 序列和 PCR 扩增引物序列从下机数据中拆分出各样本数据，截去 Barcode 和引物序列后使用 FLASH 对每个样本的 reads 进行拼接、过滤，参照 QIIME（V1.9.1）的质量控制流程对过滤后 Tags 进行截取、过滤和去除嵌合体处理，再与物种注释数据库进行比对检测嵌合体序列，并去除其中嵌合体序列，得到最终有效数据。

利用 Uparse 软件（V7.0.1001）对所有样本的全部有效进行聚类，默认以 97% 的一致性将序列聚类成为 OTUs，选取其中出现频数最高的序列作为 OTUs 代表性序列。利用 Mothur 方法与 SILVA132 的 SSUrRNA 数据库进行物种注释，MUSCLE（V3.8.31）软件进行快速多序列比对，最后以样本中数据量最少的为标准进行均一化处理。

8. 统计分析

统计分析由 R 软件（V4.0.3）完成。使用 Wilcoxon 检验分析两组之间差异，若两组以上存在差异，则选择 Tukey 检验和 Wilcoxon 试验，置信水平为 0.05。基于加权和未加权的 UniFrac 距离进行主坐标分析和变异多变量方差分析（PERMANOVA），以评估不同样本组之间微生物群的结构差异。

（二）结果与分析

1. 胎粪和母体不同部位菌群的 Alpha 多样性

36 个样本共生成 3 447 210 条 16S rRNA 原始 reads，通过拼接、过滤和去嵌合体得到 2 260 449 个高质量序列。Shannon 多样性曲线趋于平稳，表明测序深度足以捕获具有代表性的菌群多样性（图 2-1）。Shannon 多样性指数各组间差异显著（初乳 6.93±2.34，胎粪 5.34±2.19，母牛粪便 7.76±0.24，脐带 7.49±0.62，胎盘 8.17±1.29，羊水 8.03±1.77）。利用 Wilcoxon 检验对胎粪和母体各部位 Shannon 多样性指数进行了统计性检验，结果见表 2-3。覆盖深度排序用等级-丰度曲线表示，较长的 OTU "尾巴" 表示微生物的多样性和丰富度较高。

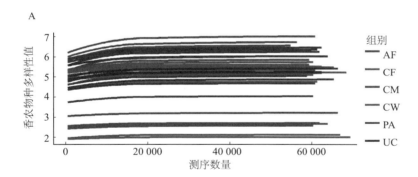

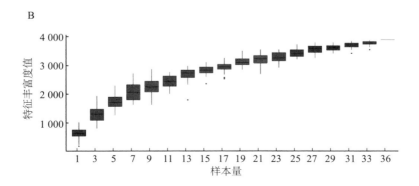

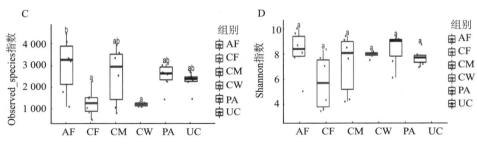

图 2-1　各部位 Alpha 多样性分析图

A. 各样本 Shannon 多样性稀释曲线；B. 各样本箱线图稀释曲线；C. 不同部位样本观测到的特征指数；D. 不同部位样本 Shannon 多样性指数箱线图

表 2-3　胎粪和母体各部位菌群 Alpha 多样性指数的 Wilcox 检验

组别	Observed_species	Shannon	Simpson	Chao1
CF-AF	0.026*	0.041*	0.150	0.026*
CF-CM	0.130	0.180	0.200	0.130
CF-CW	0.753	0.093	0.014*	0.820
CF-PA	0.026*	0.041*	0.065	0.015*
CF-UC	0.026*	0.130	0.310	0.026*

注：CF：胎粪；AF：羊水；CM：初乳；CW：母牛粪便；PA：胎盘；UC：脐带。*：$P<0.05$；**：$P<0.01$。以下同。

2. 胎粪和母体不同部位菌群的 Beta 多样性

通过主坐标分析（PCoA，表 2-4）和 Bray Curtis 相异性（图 2-2）评估胎粪和脐带及母体其他样本之间微生物群结构的差异。代表母体粪便的样本在加权和未加权 UniFrac PCoA 评分图上明显聚集（图 2-2A、图 2-2B），表明母体粪便样品的菌群结构明显不同于其他样品类型。在加权计分图上，代表初乳、羊水和犊牛粪便样本的符号位置很近，而代表胎盘样本的符号形成了一个明显的聚类（图 2-2A）。未加权的 UniFrac 距离评分图中犊牛粪便形成明显聚类，与加权的结果略有不同，代表初乳、胎盘、脐带，羊水样本的符号聚集在左上象限，而代表犊牛粪便样本的符号明显分布在左下象限（图 2-2B）。此外，在加权的 Bray_Curtis_dm 矩阵中可知犊牛粪便样本与胎盘、脐带、羊水、初乳样本间的相异性较低（0.33～0.46），与母牛粪便的相异性较高，为 0.74。母牛粪便与其他组样本间的相异性均较高（0.62～0.88）（图 2-2C）。

表 2-4　两组菌群结构评估的 PERMANOVA 评估

组别	均方	R^2	P_adj_BH
AF-UC	0.487 8	0.182 1	0.025 5*
AF-CM	0.170 7	0.054 9	0.853 0
AF-CF	0.769 1	0.217 5	0.018 3*
AF-CW	1.769 1	0.553 9	0.006**
AF-PA	0.421 5	0.155 7	0.080 8
UC-CM	0.694 1	0.220 6	0.006**
UC-CF	0.584 7	0.204 1	0.049 1*
UC-CW	1.766 8	0.653 1	0.006**
UC-PA	0.295 6	0.141 2	0.121 1
CM-CF	0.869 8	0.223 2	0.013 1*
CM-CW	1.911 9	0.531 3	0.012 9*
CM-PA	0.608 8	0.193 0	0.056 3
CF-CW	1.904 5	0.557 3	0.006**
CF-PA	0.857 9	0.265 5	0.01**
CW-PA	1.028 1	0.499 1	0.006**

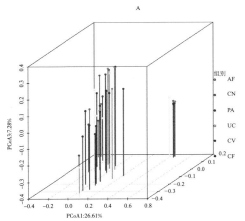
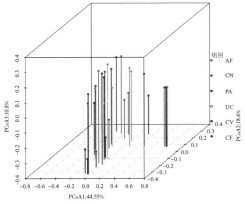

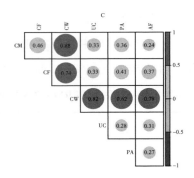

图 2-2 各部位 Beta 多样性分析图

A. 基于加权 UniFrac 距离的各部位菌群 PCoA 图；B. 基于未加权 UniFrac 距离的各部位菌群 PCoA 图；C. 基于不同样品操作分类单元（OTUs）的 Bray Curtis 相似矩阵图

3. 犊牛粪便和母体各部位样品菌群组成及差异性分析

各部位在门水平上占比最多的都是变形菌门、厚壁菌门、拟杆菌门等（图 2-3），且由聚类图可看出母牛粪便部位明显与其他部位微生物组成不同。在科水平上变化较多，其中母牛胎盘、脐带、羊水大部分由假单胞菌科、莫拉氏菌科、瘤胃球菌科等构成；初乳中大部分由伯克氏菌科、柄杆菌科、假单胞菌科等构成；胎粪中大部分由盐单胞菌科、莫拉氏菌科和假单胞菌科等构成；母牛粪便大部分由瘤胃球菌科、理研菌科、毛螺菌科和拟杆菌科等构成。属水平上展现的特点与科水平类似，占比较多的属分别为拟杆菌属、单胞菌属、盐单胞菌属、*limnobacter*、假单胞菌属、嗜冷杆菌属等。

在属水平，所有样本组中都识别出了样本类型特异性 OTUs，即仅在一个样本类型中检测到的 OTUs（图 2-4）。六个部位共有 OTUs 为 170 种。胎盘、初乳、羊水、脐带、犊牛粪便、母牛粪便这些部位样本的特有 OTUs 分别有 26、22、22、21、20 和 4 种。

LEfSe（LDA Effect Size）分析表示不同部位之间具有统计学差异的 Biomarker，即组间差异显著的物种可用 LDA 评分表示。如图 2-5 所示，42 个不同分类水平微生物的 LDA 评分大于 4，羊水组较其他组具有显著性差异的物

第二章·犊牛后肠道菌群母源传递特征和时序分析

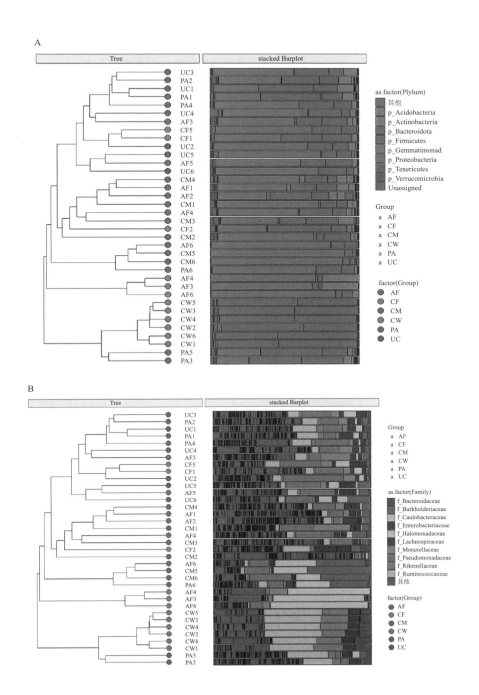

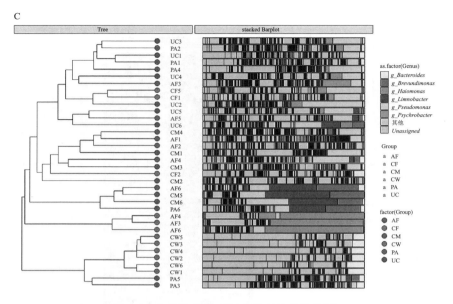

图2-3 各部位样本不同水平下菌群聚类图
A. 门水平；B. 科水平；C. 属水平

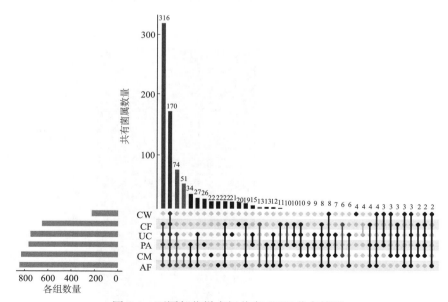

图2-4 不同部位样本间共享OTU分布情况

种有酸杆菌门（Acidobacteria）、黄杆菌目（Flavbacteriales）、黄杆菌科（Flavobacteriaceae），其中 LDA 评分最大即影响最大的为黄杆菌目（Flavbacteriales）；胎盘组较其他组具有显著性差异的物种有气单胞菌目（Aeromonadales）、气单胞菌科（Aeromonadaceae）、气单胞菌属（*Aeromonas*），其中 LDA 评分最大即影响最大的为气单胞菌目（Aeromonadales）；脐带组较其他组具有显著性差异的物种有假单胞菌目（Pseudomonadales）、假单胞菌科（Pseudomonadaceae）、假单胞菌属（*Pseeudomonas*）、杆菌纲（Bacilli）、乳酸杆菌目（Lactobacillales）、肠杆菌目（Enterobacteriales）、肠杆菌科（Enterobacteriaceae）、海螺杆菌属（*Marinospirillum*）、嗜冷杆菌属（*Psychrobacter*）、鞘脂单胞菌属（*Sphingomonas*）、微球菌目（Micrococcales）、肉杆菌科（Carnobacteriaceae），其中 LDA 评分最大即影响最大的为假单胞菌目（Pseudomonadales）；初乳组较其他组具有显著性差异的物种有变形杆菌门（Proteobacteria）、unidentified_Gammaproteobacteria、α 变形杆菌纲（Alphaproteobacteria）、伯克霍尔德菌科（Burkholderiaceae）、利姆诺杆菌属（*Limnobacter*）、茎杆菌科（Caulobacterales）、莫拉氏菌科（Moraxellaceae）、茎杆菌目（Caulobacterales）、单胞菌属（*Brevundimonas*）、不动杆菌属（*Acinetobacter*）、根瘤菌目（Rhizobiales）、鞘氨醇单胞菌目（Sphingomonadales）、鞘脂单胞菌科（Sphingomonadaceae）、黄单胞目（Xanthomonadales）、黄单胞科（Xanthomonadaceae）、红藻科（Rhodocyclaceae），其中 LDA 评分最大即影响最大的为变形杆菌门（Proteobacteria）；母牛粪便组较其他组具有显著性差异的物种有梭状芽孢杆菌纲（Clostridia）、梭菌目（Clostridiales）、拟杆菌目（Bacteroidales）、厚壁菌门（Firmicutes）、拟杆菌目（Bacteroidia）、拟杆菌门（Bacteroidetes）、瘤胃科（Ruminococcaceae）、Rikenellaceae、普氏菌科（Prevotellaceae）、拟杆菌科（Bacteroidaceae）、拟杆菌属（*Bacteroides*）、*Alistipes*、漆树科（Lachnospiraceae），其中 LDA 评分最大即影响最大的为梭状芽孢杆菌纲（Clostridia）；犊牛粪便组较其他组具有显著性差异的物种有

Gammaproteobacteria、海洋螺旋菌目（Oceanospirillales）、盐单胞菌科（Halomonadaceae）、盐单胞菌属（*Halomonas*）、放线菌门（Actinobacteria）、unidentified_Actiinobacteria、棒状杆菌目（Corynebacteriales）、Dietziaceae、*Dietzia*、unidentified _ Enterobacteriacea、*Alteromonadales*、Idiomarinaceae、*Aliidiomarina*，其中 LDA 评分最大即影响最大的为 Gammaproteobacteria。

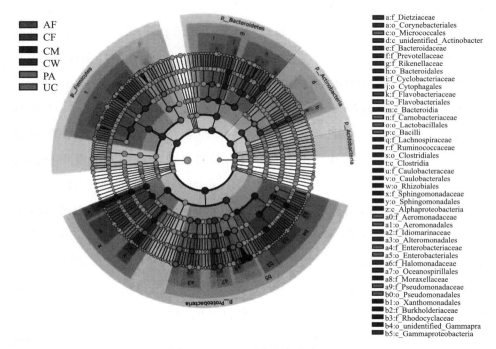

图 2-5 LEfSe 系统发育分支图

4. 犊牛粪便与母体各部位菌群的溯源分析

（1）犊牛粪便与母体各部位菌群间整体溯源分析 以犊牛粪便菌群为"溯"，其他各部位样本微生物为不同的"源"，利用 Source Tracker 软件预测输入样本集菌群来源。Source Tracker 分析显示犊牛粪便与脐带样本的匹配比例为 23.8%±2.21%，其次是与胎盘（15.7%±2.2%）和与初乳（14.4%±1.9%）的匹配比例，再次是与羊水（11.2%±1.7%）的匹配比例，犊牛粪便与母牛粪便的匹配比例最小（10.5%±1%）（图2-6A）。

Source Tracker 软件对于作为"源"的五个部位样本微生物之间也进行了相互比较，由图2-6B可知初乳、胎盘、脐带、羊水四个部位分别与其他部位比较时特异性不强（自身微生物与其他部位微生物占比大致相当），但母牛粪便与其他四个部位相比特异存在的微生物占比极大，即差异明显。

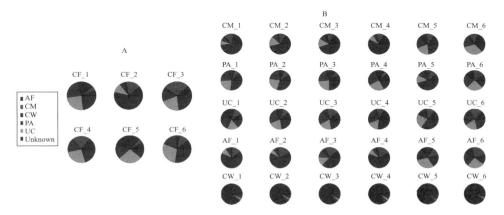

图2-6 Source Tracker 对"汇"样本与不同"源"样本的匹配比例估计

A. 犊牛粪便样本与其母体各部位样本微生物之间匹配比例；B. 母牛粪便、脐带、羊水、初乳和胎盘五个"源"环境之间匹配比例

（2）犊牛粪便与母体各部位微生物门水平及属水平溯源分析　为进一步探究犊牛粪便样本与其母体各部位样本中主要菌属的匹配比例，继续利用 Source Tracker 软件在门水平及属水平按不同菌群对每对母牛-犊牛进行溯源分析。为保证溯源分析有意义，选取在六个犊牛粪便样本中均出现的菌群进行分析。

经过筛选，门水平上母体各部位在母源传递过程中的主要菌群共有11种，分别为蓝藻门（Cyanobacteria）、栖热菌门（Deinococcus-Thermus）、疣微菌门（Verrucomicrobia）、螺旋体门（Spirochaetes）、柔膜菌门（Tenericutes）、酸杆菌门（Acidobacteria）、变形杆菌门（Proteobacteria）、厚壁菌门（Firmicutes）、拟杆菌门（Bacteroidetes）、放线菌门（Actinobacteria）和 unidentified_Bacteria。属水平上母体各部位在母源传递过程中的主要菌属共有118种，分布于放线菌门（Actinobacteria）（15 种）、拟杆菌门（Bacteroidetes）（15 种）、厚壁菌门（Firmicutes）（39 种）、变形菌门（Proteobacteria）（44 种）、蓝藻门（Cyanobacteria）（1 种）、栖热菌门（Deinococcus-Thermus）（1 种）、疣微菌门（Verrucomicrobia）（1 种），unidentified_Bacteria（2 种）。在母源传递过程中，放线菌门（Actinobacteria）中犊牛粪便与脐带匹配比例最高的菌属为 *Flaviflexus*，犊牛粪便与胎盘匹配比例最高的菌属为血杆菌属（*Sanguibacter*），犊牛粪便与初乳匹配比例最高的菌属为类诺卡氏菌属（*Nocardioides*），犊牛粪便与羊水、母牛粪便匹配比例最高的菌属为 *Pseudoclavibacter*，其也是犊牛粪便与母体五个部分匹配比例总和最高的菌属。拟杆菌门（Bacteroidetes）中犊牛粪便与脐带、初乳匹配比例最高的菌属均为 *Algoriphagus*，它也是拟杆菌门（Bacteroidetes）中犊牛粪便与母体五个部分匹配比例总和第二高的菌属，犊牛粪便与胎盘、羊水、母牛粪便匹配比例最高的菌属均为 *Membranicola*，其在犊牛粪便与脐带匹配比例次高，是犊牛粪便与母体五个部分匹配比例总和最高的菌属。厚壁菌门（Firmicutes）中犊牛粪便与脐带匹配比例最高的菌属为 *Acetitomaculum*，其也是犊牛粪便与母体五个部分匹配比例总和最高的菌属，犊牛粪便与胎盘匹配比例最高的菌属为乳球菌属（*Lactococcus*），犊牛粪便与初乳、羊水匹配比例最高的菌属为 *Cellulosilyticum*，犊牛粪便与母牛粪便匹配比例最高的菌属为 *Saccharofermentans*。变形菌门（Proteobacteria）中犊牛粪便与脐带、胎盘匹配比例最高的菌属均为食碱菌属（*Alcanivorax*），犊牛粪便与羊水匹配比例最高的菌属为慢生根瘤菌属（*Bradyrhizobium*），其也是犊牛粪便与母体五个部分匹配比例总和最高的菌属，犊牛粪便与初乳、母牛粪便匹配比例最高的菌属均为鞘脂菌属（*Sphingobium*），（图 2-7），详细数据见表 2-5。

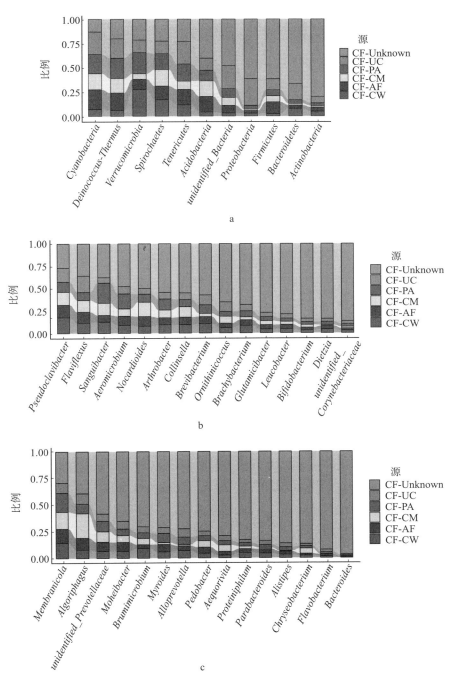

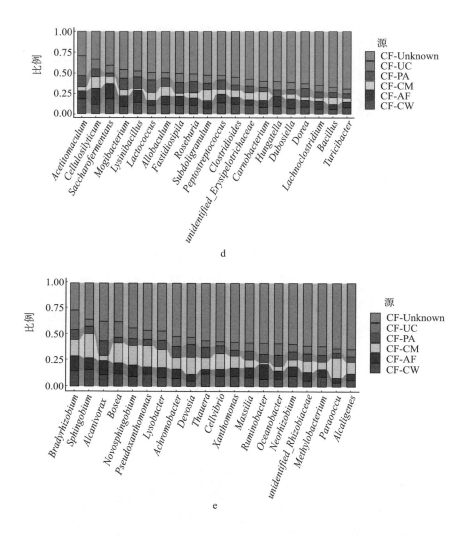

图 2-7　犊牛粪便样本与母体各部位主要菌属在母源传递过程中匹配比例估计

a. 主要菌群在门水平上匹配比例估计；b. 放线菌门（Actinobacteria）主要菌属匹配比例估计；c. 拟杆菌门（Bacteroidota）主要菌属匹配比例估计；d. 厚壁菌门（Firmicutes）主要菌属匹配比例估计（选取母体各部位匹配比例总和在前 20 位菌属绘制）；e. 变形杆菌门（Proteobacteria）主要菌属匹配比例估计选取母体各部位匹配比例总和在前 20 位菌属绘制

表 2-5 母源传递过程中胎粪与母体各部位主要菌属的匹配率估计

门	属	CF-UC	CF-PA	CF-CM	CF-AF	CF-CW	CF-UnKnown
Actinobacteria	Pseudoclavibacter	0.157 6	0.115 3	0.141 0	0.139 6	0.178 5	0.268 1
	Flaviflexus	0.185 3	0.088 9	0.127 2	0.123 9	0.116 6	0.358 2
	Sanguibacter	0.062 8	0.223 3	0.134 3	0.075 9	0.127 9	0.375 8
	Aeromicrobium	0.082 8	0.162 7	0.081 9	0.104 1	0.089 2	0.479 3
	Nocardioides	0.064 7	0.087 2	0.158 5	0.107 7	0.080 8	0.501 1
	Arthrobacter	0.074 2	0.119 7	0.086 4	0.078 6	0.095 1	0.546 0
	Collinsella	0.073 1	0.080 0	0.114 4	0.084 9	0.095 4	0.552 2
	Brevibacterium	0.108 0	0.093 6	0.035 5	0.078 8	0.107 1	0.576 9
	Ornithinicoccus	0.104 3	0.053 6	0.077 2	0.049 5	0.061 2	0.654 2
	Brachybacterium	0.067 3	0.069 7	0.031 9	0.063 4	0.084 4	0.683 3
	Glutamicibacter	0.045 8	0.046 2	0.046 2	0.047 4	0.043 9	0.770 5
	Leucobacter	0.048 5	0.036 3	0.034 5	0.046 6	0.047 3	0.786 7
	Bifidobacterium	0.037 6	0.032 1	0.032 0	0.030 2	0.031 4	0.836 7
	Dietzia	0.033 9	0.038 4	0.009 8	0.036 8	0.042 8	0.838 4
	unidentified_Corynebacteriaceae	0.033 4	0.032 0	0.019 5	0.021 3	0.030 5	0.863 3
Bcteroidota	Membranicola	0.094 4	0.176 4	0.156 9	0.134 7	0.143 1	0.294 4
	Algoriphagus	0.095 7	0.089 9	0.229 2	0.111 2	0.080 1	0.393 9
	unidentified_Prevotellaceae	0.066 9	0.097 3	0.100 3	0.085 2	0.066 1	0.583 7
	Moheibacter	0.071 3	0.061 4	0.064 4	0.082 9	0.067 3	0.652 7
	Brumimicrobium	0.057 8	0.052 0	0.059 9	0.034 6	0.092 7	0.702 9
	Myroides	0.055 9	0.086 1	0.018 4	0.067 6	0.060 5	0.711 5
	Alloprevotella	0.079 0	0.071 2	0.012 5	0.042 0	0.071 5	0.723 7
	Pedobacter	0.043 2	0.046 7	0.061 9	0.056 3	0.044 7	0.747 2
	Aequorivita	0.046 9	0.041 7	0.058 8	0.035 5	0.026 9	0.790 3
	Proteiniphilum	0.027 6	0.035 4	0.023 4	0.036 2	0.048 9	0.828 4
	Parabacteroides	0.038 5	0.028 9	0.012 5	0.038 1	0.044 5	0.837 5
	Alistipes	0.035 9	0.035 1	0.005 3	0.028 9	0.032 4	0.862 4
	Chryseobacterium	0.019 1	0.023 9	0.048 3	0.017 6	0.022 5	0.868 6
	Flavobacterium	0.024 4	0.018 0	0.001 4	0.019 0	0.015 1	0.922 0
	Bacteroides	0.010 2	0.009 8	0.000 9	0.008 0	0.006 8	0.964 4

(续)

门	属	CF-UC	CF-PA	CF-CM	CF-AF	CF-CW	CF-UnKnown
Firmicutes	Acetitomaculum	0.239 6	0.134 4	0.050 0	0.100 2	0.179 3	0.296 5
	Cellulosilyticum	0.117 5	0.095 0	0.140 0	0.199 2	0.111 7	0.336 7
	Saccharofermentans	0.093 7	0.042 1	0.087 6	0.186 9	0.181 5	0.408 1
	Mogibacterium	0.105 3	0.140 2	0.075 9	0.130 8	0.089 5	0.458 3
	Lysinibacillus	0.071 3	0.143 5	0.021 3	0.147 2	0.139 8	0.476 9
	Lactococcus	0.089 1	0.152 5	0.098 9	0.058 0	0.105 6	0.496 0
	Allobaculum	0.064 3	0.104 1	0.117 6	0.107 3	0.110 1	0.496 5
	Fastidiosipila	0.108 6	0.132 4	0.037 5	0.112 9	0.102 7	0.505 8
	Roseburia	0.091 5	0.139 9	0.063 9	0.088 5	0.105 7	0.510 5
	Subdoligranulum	0.097 5	0.079 3	0.134 0	0.101 4	0.061 5	0.526 3
	Peptostreptococcus	0.055 6	0.116 6	0.056 5	0.106 9	0.135 5	0.529 0
	Clostridioides	0.094 3	0.063 6	0.089 9	0.082 9	0.119 1	0.550 2
	unidentified_Erysipelotrichaceae	0.083 1	0.081 7	0.086 6	0.065 8	0.106 9	0.573 7
	Carnobacterium	0.071 8	0.055 3	0.108 6	0.085 8	0.078 9	0.599 6
	Hungatella	0.101 1	0.066 4	0.012 6	0.128 4	0.088 9	0.602 6
	Dubosiella	0.087 7	0.053 8	0.061 9	0.119 2	0.064 8	0.612 6
	Dorea	0.059 0	0.103 9	0.040 6	0.082 8	0.085 4	0.628 3
	Lachnoclostridium	0.078 6	0.074 7	0.038 5	0.100 4	0.057 6	0.650 0
	Bacillus	0.066 8	0.059 6	0.086 1	0.059 8	0.056 9	0.670 8
	Turicibacter	0.058 7	0.054 2	0.048 5	0.068 9	0.077 5	0.692 2
Proteobacteria	Sphingobium	0.065 4	0.071 2	0.240 0	0.111 8	0.157 2	0.354 5
	Bradyrhizobium	0.187 2	0.096 6	0.160 7	0.144 4	0.144 1	0.267 0
	Thauera	0.062 9	0.104 7	0.111 1	0.040 6	0.122 4	0.558 4
	Pseudoxanthomonas	0.087 9	0.061 3	0.208 3	0.065 5	0.119 7	0.457 2
	Bosea	0.150 0	0.054 4	0.197 6	0.101 9	0.119 7	0.376 4
	Alcanivorax	0.190 3	0.145 5	0.050 0	0.130 6	0.111 5	0.372 1
	Neorhizobium	0.075 2	0.078 6	0.065 0	0.089 5	0.101 6	0.590 0
	Xanthomonas	0.078 9	0.057 0	0.114 9	0.076 4	0.100 7	0.572 2
	Cellvibrio	0.039 9	0.077 4	0.150 8	0.069 3	0.095 4	0.567 1

（续）

门	属	CF-UC	CF-PA	CF-CM	CF-AF	CF-CW	CF-UnKnown
Proteobacteria	*Methylobacterium*	0.086 6	0.063 9	0.072 1	0.069 9	0.095 3	0.612 2
	Novosphingobium	0.105 6	0.065 8	0.190 9	0.109 9	0.093 4	0.434 3
	Lysobacter	0.092 2	0.090 5	0.173 6	0.092 7	0.087 7	0.463 4
	Massilia	0.081 0	0.085 5	0.074 5	0.094 4	0.086 3	0.578 3
	Achromobacter	0.097 0	0.111 2	0.107 9	0.089 1	0.077 0	0.517 7
	Oceanobacter	0.112 6	0.107 0	0.044 7	0.076 3	0.074 3	0.585 2
	Ruminobacter	0.108 9	0.078 9	0.020 5	0.139 4	0.072 2	0.580 0
	Alcaligenes	0.070 3	0.051 7	0.111 1	0.062 7	0.062 7	0.641 4
	unidentified_Rhizobiaceae	0.076 3	0.071 1	0.106 1	0.081 1	0.057 5	0.608 0
	Devosia	0.069 4	0.127 3	0.161 2	0.064 9	0.053 7	0.523 6
	Paracoccus	0.041 1	0.049 2	0.191 5	0.045 0	0.039 4	0.633 7
Cyanobacteria	*unidentified_Cyanobacteria*	0.074 8	0.070 1	0.064 0	0.076 7	0.053 5	0.660 9
Deinococcus-Thermus	*Truepera*	0.044 0	0.059 7	0.208 7	0.069 8	0.082 6	0.535 2
unidentified_Bacteria	*Helicobacter*	0.122 1	0.118 3	0.129 5	0.094 7	0.108 6	0.426 8
	Arcobacter	0.078 5	0.090 8	0.000 5	0.060 3	0.057 3	0.712 5
Verrucomicrobia	*Akkermansia*	0.060 5	0.082 8	0.013 4	0.059 6	0.073 2	0.710 6

注：CF-UC：胎粪菌属与脐带菌属匹配率；CF-PA：胎粪菌属与胎盘菌属匹配率；CF-CM：胎粪菌属与初乳菌属匹配率；CF-AF：胎粪菌属与羊水菌属匹配率；CF-CW：胎粪菌属与奶牛后肠道菌属匹配率；CF-UnKnown：胎粪菌属与位置部位菌属匹配率。

三、讨论

肠道菌群对牛和其他反刍动物的营养过程、免疫和新陈代谢健康发育至关重要。已有研究发现了在母体时胎儿肠道中就存在菌群，子代肠道菌群是在产前接种的。因此，通过检测胎粪和母体不同部位菌群，能够探索新生犊牛后肠菌群的可能来源。为了能保证在不对动物实行安乐死的前提下重复采样，选择采集粪样这种非侵入性的方法来表示母牛与犊牛的肠道菌群。本研究分析的是犊牛刚出生时的胎粪样本,这些样本代表了出生时犊牛的肠道内容物,没有饲喂等环境影响。胎粪是犊牛出生前后肠道中的粪便,在很大程度上反映了胎儿在母亲子宫中的肠道菌群状况。羊水是胎儿在母亲子宫中生存的唯一环境,胎盘和脐带是母亲将营养物质传递给胎儿和胎儿代谢营养物质的重要途径。这表明,早期胎儿肠道菌群结构与母体各部位菌群结构的相似性可以揭示菌群在子宫内定植起源的重要信息。

研究基于 Illumina Nova 测序平台测序母牛与犊牛共六个部位 36 个样本,每个样品平均得到 62 790 条高质量有效序列,再通过聚类得到 10 698 个细菌 OTU,分布于 44 个门、69 个纲、162 个目、328 个科、1 026 个属。样本的稀释曲线都趋近水平,说明每个样本的测序深度足以反映样本群落所包含的微生物多样性和丰富度。且在 α 多样性、β 多样性、组间群落结构等方面各组样本均表现出不同的特征。在门水平上胎盘、脐带、羊水、初乳、胎粪和母牛粪便五个部位占主导地位的微生物构成相似,分别是变形杆菌门(Proteobacteria)、厚壁菌门(Firmicutes)、拟杆菌门(Bacteroidetes)和放线菌门(Actinobacteria),但变形菌门(Proteobacteria)在母牛粪便微生物中占比明显减少,与其在其他五个部位占比最多有着显著区别。

变形菌是一种革兰氏阴性细菌,可以产生 LPS(脂多糖),LPS 可以进入血液,减少后肠屏障细胞的数量,并增加后肠通透性。拟杆菌产生丁酸盐,丁酸盐是结肠发酵的产物,具有抗肿瘤特性,有利于宿主免疫系统内的相互作用,可以激活 T 细胞介导的反应,并限制潜在致病菌在胃肠道中的定植。Friedman 等的研究发现,变形杆菌在早期定植于幼鼠的肠道,可以激活幼鼠的免疫系统。本研究中犊牛胎粪中变形杆菌占比较高,可能与犊牛早期免疫系统的建立有关。放线菌可以利用碳水化合物产生乳酸,乳酸可以维持环境的酸性,并抑制肠道中致病菌的生长。这些菌群在新生犊牛后肠中的存在是有利于犊牛健康的。此外,接种了拟杆菌和厚壁菌的无菌小鼠试验表明,这两种菌门都可通过诱导初级和次级反应基因对宿主后肠道免疫功能产生影响。

胎粪中的核心菌群主要由盐单胞菌科（Halomonadaceae）、假单胞菌科（Pseudomonadaceae）、Dietziaceae、瘤胃球菌科（Ruminococcaceae）、莫拉氏菌科（Moraxellaceae）和肠杆菌科（Enterobacteriaceae）等构成，这与Alipour等的研究结论相似。因此，推测上述菌群是犊牛后肠道中早期的"先驱菌群"，在形成厌氧微生物群落方面发挥着重要作用。本研究表明胎粪菌群和母牛后肠道菌群构成差异较大，Alipour等的研究结果也从侧面验证了这一结论：与新生犊牛相比，青年牛和育成牛后肠道中变形杆菌水平降低，厚壁菌和拟杆菌成为后肠道中核心菌群。这些结论说明了随着动物年龄的增长，后肠道菌群的多样性和丰富度不断增加，这表明生命早期正在逐步形成较为复杂的菌群。

假单胞菌属（*Pseudomonas*）、*Limnobacter*和单胞菌属（*Brevundimonas*）是初乳中最丰富的属，这些属在初乳帮助子代肠道菌群定植方面起到了关键作用。本研究的结论与Li等的结论——假单胞菌属（*Pseudomonas*）、乳球菌属（*Lactococcus*）和不动杆菌属（*Acinetobacter*）是牛奶中最常见菌属，及Hang等的结论——链球菌属（*Streptococcus*）、不动杆菌属（*Acinetobacter*）、肠杆菌属（*Enterobacter*）和棒状杆菌属（*Corynebacterium*）是初乳中常见菌属有所区别。究其原因，Li等所做试验是连续12个月采集生乳样品而非只研究初乳，温度、湿度及时间的变化都可以造成研究结果间的差异；Hang的试验是将初乳样品挤入桶内，混合后直接从桶中采集样品，而桶不是无菌的，其样本有可能受到环境污染。

乳汁中的菌群可能会对后代的生理功能产生许多或短期或长期的影响。例如，乳汁中的乳酸杆菌属（*Lactobacilli*）可以产生大量的乳酸，抑制致病菌的生长。乳酸也可以转化为丁酸，从而保持环境的酸性并抑制肠道中病原体。也有研究发现在妊娠晚期和哺乳期，母体肠道中的菌群可以通过肠道单核细胞到达乳腺，这也表明存在通过肠道-乳道传播的菌群，子代的肠道菌群及其免疫进化与乳汁菌群有关，来源于与母体间的肠-乳途径。尽管在本试验中，胎粪样本与乳汁样本不存在接触,但在门水平上,初乳菌群与胎粪菌群的匹配率为 14.4%,这与胎盘菌群与胎粪菌群之间的匹配率(15.5%)非常接近,也表明了初乳菌群对胎粪菌群构成具有一定影响。DiGiulio 等认为,母代处于围产期时有益菌可通过血液自母代肠道转移到乳腺,并在分娩前调整乳汁中的低聚糖、免疫因子和菌群结构,使这些"有益菌"可在分娩后通过乳汁传播给子代,这有可能是一种特殊的进化现象。

利用 LEfSe 对胎盘、脐带、羊水、初乳、胎粪、母牛粪便六组进行组间显著性差异分析时可知,羊水组较其他组具有显著性差异的物种为酸杆菌门(Acidobacteria)、黄杆菌目(Flavbacteriales)、黄杆菌科(Flavobacteriaceae)。当对胎盘、脐带、羊水、初乳四组进行组间显著性差异分析时,羊水组中不存在与其他三组具有显著性差异的物种。这说明与胎盘、脐带、初乳三组相比,羊水与犊牛粪便之间的物种差异更加明显。而 Wilcoxon 秩和检验表明,测得的物种数在母牛粪便-羊水、犊牛粪便-羊水、母牛粪便-胎盘等组间具有明显的差异($P<0.05$),测得的物种数在脐带-羊水、初乳-羊水、胎盘-羊水等组间不具有明显的差异;Shannon 指数表明在犊牛粪便-羊水、犊牛粪便-胎盘等组间具有明显的差异($P<0.05$),在犊牛粪便-母牛粪便、犊牛粪便-初乳、脐带-羊水等组间不具有明显的差异($P\geqslant 0.05$)。这也印证了 LEfSe 的分析结果,同时与溯源分析的结果也相吻合,即母牛粪便与犊牛粪便菌群匹配比例最低,而次低的就是羊水与犊牛粪便间的匹配比例。

Quercia 等的研究发现母马的羊水和肠道菌群也对马驹的胎粪菌群有独特的贡献。He 等研究了婴儿胎粪菌群与母亲阴道、唾液、羊水和粪便等部位菌群间的关系。他们的研究数据表明,胎粪菌群可能来源于多个母体部位,其中羊水菌群贡献最大,可能存在从母代到子代的垂直传播途径。研究者们提出了"肠乳途径"假说,即母体肠道中的特定菌可以进入乳腺,并通过树突状细胞和 CD18+细胞将其携带到其他位置。对小鼠的研究发现,在其胎盘中的菌群是穿过内皮细胞定植的,这一过程发生在血管形成和胎盘形成的过程中。来自母体的树突状细胞渗透到宿主的上皮细胞，如肠道上皮细胞，再通过血流释放到胎盘中，一旦羊水到达，再经由胎盘与脐带进入胎儿肠道，成为胎粪生态系统中的一部分。而各种菌群经过血液也可以释放到乳腺中，由此推测菌群因子宫内转移到胎儿的主要生物学功能可能是有利于具有消化功能的微生物传递给犊牛，并启动免疫系统，在出生时接受母牛和环境微生物的垂直传播。

母牛肠道在消化过程中占据重要作用，溯源结果得出，母源传递过程中母牛粪便主要传递了分解糖的产酸菌属 $Saccharofermentans$、$Acetitomaculum$、$Pseudoclavibacter$，其中 $Saccharofermentans$ 也是母马肠道纤维素等多糖分解、产生短链脂肪酸和低密度脂蛋白胆固醇的菌群，$Acetitomaculum$ 产生乙酸，$Pseudoclavibacter$ 产生丁酸。丁酸作为宿主上皮细胞的能量来源，可以调节生长和分化相关激活蛋白1（AP-1）信号通路，增加免疫调节性T调节（T-reg）细胞的数量。这些功能可以降低母体排异胎儿的可能性。

母牛粪便主要传递的另一类菌属为消化道中的常见菌属，如Klein-Jöbstl等提到的母牛粪便中核心菌属 $Novosphingobium$，分解精饲料、参与瘤胃发酵的慢生根瘤菌属（$Bradyrhizobium$）、好氧反硝化菌陶厄氏菌属（$Thauera$），以及 $Lysinibacillus$ 和消化链球菌属（$Peptostreptococcus$）等。羊水主要传递了降解纤维素的菌属如 $Cellulosilyticum$、$Saccharofermentans$、$Ruminobacter$，且存在于消化道的常见菌群、参与瘤胃发酵、纤维素等多糖分解的菌属，如 $Bradyrhizobium$、$Mogibacterium$、$Alcanivorax$、$Fastidiosipila$、$Alcanivorax$、$Saccharofermentans$、$Ruminobacter$ 等，不仅是母牛粪便和羊水主要传递的菌属，也是胎盘和脐带主要传递的菌属。初乳主要传递了纤维素降解菌属 $Algoriphagus$、$Pseudoxanthomonas$，上述提到的慢生根瘤菌属（$Bradyrhizobium$）、$Novosphingobium$，此外，发现主要由初乳传递的特殊菌属特吕珀菌属（$Truepera$），它是垫床中的优势菌群及好氧或兼性厌氧非发酵革兰氏阴性杆菌副球菌属（$Paracoccus$）等。这表明，虽然不同部位微生物存在菌群结构上的差异，但在母源传递过程中主要传递了参与降解纤维素、瘤胃发酵及消化道的常见菌群。

总而言之，奶牛和犊牛间包含复杂且共享的菌群，这些菌群相互作用以维持奶牛和犊牛的健康。尽管不同部位的母代和子代的菌群结构存在差异，但参与纤维素降解、发酵的菌群和消化道中的常见菌群可通过母代定植到犊牛体内，并影响犊牛后肠道菌群结构和犊牛健康。本研究工作也可能会存在一些技术问题，每组样本数量均为 6 个，在分析低微生物量样品时可能会产生 PCR 偏差，且在试验过程中不能完全排除样本存在污染的可能性。

四、结论

（1）围产期母牛胎盘、脐带、羊水、初乳、产道黏液、唾液和粪便中的微生物均对犊牛后肠道微生物的定植有贡献，其中脐带微生物对胎粪微生物的定殖贡献最大。

（2）犊牛出生后，后肠道微生物的丰度和多样性显著下降；犊牛日龄越大的后肠菌群与犊牛日龄越小的后肠道菌群组间群落结构差异越大。

第二节　新生犊牛后肠道菌群多样性时序特征

一、新生犊牛后肠道菌群多样性的研究意义

生命的发育早期对于免疫发育和成年后的健康有着重要的影响。对人类进行的研究表明，胎儿出生时肠道微生物群的建立是巩固健康促进肠道微生物群结构的决定因素。宿主适应性受到胃肠道中数万亿细菌的影响，这些细菌促进了发育，并与生活史密不可分。在发育过程中，微生物的定植使肠道的新陈代谢和生理机能起到了启动作用，从而为成年后的营养和健康奠定了基础。

微生物群在出生后很快就建立起来，其组成在接下来的几年里会发生变化，形成一个典型的"成人样"的细菌群落结构。目前研究证明，肠道微生物群的组成是在婴儿生命的最初几年内形成的，出生后立即开始胃肠道的定植。Lim 等对健康婴儿双胞胎的纵向队列中的肠道病毒组和细菌微生物组进行了表征，发现双生子间的病毒组和细菌微生物组比无亲缘关系的婴儿更相似，与在成人中观察到的稳定的微生物组相比，婴儿微生物组是高度动态的，并且与细菌、病毒和噬菌体组成的早期生命变化有关。

（一）犊牛肠道菌群时序变化规律研究进展

犊牛肠道微生物群主要利用粪便样本进行研究。Mayer 等研究认为犊牛胎粪微生物组成与出生后 6h 及 12h 的粪便微生物群非常相似，胎粪样本与出生 24h 后的粪便样本间差异更加明显。随着犊牛日龄和日粮的变化，肠道菌群复

杂性和多样性逐渐增加。Uyeno 等发现在犊牛出生后的 12 周内,随着犊牛消化道发育,其肠道菌群落也相应发生了动态变化。Dias 等利用下一代测序技术分析了 26 头杂交犊牛在 7、28、49 和 63 日龄时瘤胃、空肠、盲肠和结肠细菌群落的变化,发现随着犊牛日龄的增长,副拟杆菌属（*Parabacteroides*）和帕拉普氏菌属（*Paraprevotella*）等菌群的丰度降低,瘤胃中 *Bulleidia* 和 *Succiniclasticum* 的丰度较高,空肠中梭菌科（Clostridiaceae）和 *Turicibacter* 的增加显示出分类学上的变化,在下消化道,乳酸杆菌属（*Lactobacillus*）、布劳氏菌属（*Blautia*）和粪杆菌属（*Faecalibacterium*）等菌群丰度减少,*Paraprevotella* 和普雷沃氏菌属（*Prevotella*）等菌群丰度增加。这些结果表明,在生命早期犊牛的胃肠道发生了连续的菌群定植,并为断奶前发育期间犊牛胃肠道微生物群的时间动态提供了新的见解。

Jami（2013）等研究了 1 日龄、2 月龄、6 月龄犊牛及两岁青年牛 4 个不同年龄组奶牛的瘤胃细菌总数,表明在犊牛肠道中发生了连续的细菌定植,且随着日龄增长,犊牛肠道菌群多样性与群体内相似性增加,并逐渐趋向成年奶牛肠道菌群的构成。Klein（2019）等比较了新生犊牛与奶牛肠道菌群之间的差异程度,发现犊牛肠道菌群物种丰度、多样性以及 OTU 数量在出生 6～24h 之间显著下降,均显著低于奶牛肠道菌群。Alipour（2018）等采集了 14 头犊牛胎粪样本,分析了 7d 犊牛肠道菌群变化状况,并对犊牛和奶牛肠道菌群进行比较,研究结果表明,胎儿末期肠道中含有的微生物群虽然丰度低,但多样性高,这与最近对人类新生儿和胎盘微生物群的研究一致。

(二) 肠道菌群与免疫指标相关联研究现状

肠道微生物组中异常多样和复杂的微生物群落已被发现具备参与先天免疫和适应性免疫成熟的功能。肠道中多样的微生物菌群还可通过脂蛋白、脂多糖（LPS）和代谢产物等特定组成成分调节宿主免疫反应、修复肠黏膜损伤、产生各种抗菌肽和诱导宿主免疫细胞分泌白细胞介素 IL-22、IL-17 和 IL-10,在宿主防御病原体方面发挥重要作用。

妊娠期间肠道菌群的变化会导致母体的相关免疫抗体及免疫分子浓度发生变化，并通过胎盘进入胎儿体内，对胎儿器官功能发育及免疫系统建立产生影响。子代刚出生时是肠道菌群定植的关键时期，从子代早期发育到成年阶段，肠道菌群均有助于胃肠道免疫系统组织和细胞的发育及免疫分子的分泌，菌群的定植对免疫系统发育成熟具有重要意义。无菌小鼠试验表明，母体妊娠期内短时间定植微生物，可以促进后代小鼠肠道先天性免疫系统的发育，降低炎症反应的发生，且这种影响是可由微生物分子以及代谢产物传递给后代。还有研究表明，短链脂肪酸如醋酸盐、丁酸盐和丙酸盐是肠道微生物群产生的最常见的代谢物，其对宿主健康有多种有益作用，包括对自身免疫性疾病和炎症性疾病的保护作用。短链脂肪酸也可以在孕期从母代传递给子代，促进子代肠道先天性免疫系统的成熟与发育。泌乳期内，母体肠道微生物可以通过垂直传递的方法，经过母乳途径传递给子代，从而影响子代免疫系统的发育。母乳中含有大量的肠道细菌，母体肠道中的细菌可能通过树突细胞和巨噬细胞进入母乳中，并随着母乳进入子代肠道中。子代的肠道功能因乳汁中白细胞介素 IL-6、IL-10 和转化生长因子 TGF-β1 等细胞因子水平显著变化而增强。出生后，子代免疫系统的发育往往伴随着肠道菌群的变化，哺乳动物健康肠道微生物菌群在胎儿早期的发育允许 Th2/Th1 平衡发生改变，这有利于 Th1 细胞反应，而生态失调改变宿主微生物群的稳态，有利于 Th1/Th2 细胞因子平衡向 Th2 反应的转变。Fan 发现不同品种犊牛肠道菌群中罗氏菌属（*Roseburia*）和颤螺菌属（*Oscillospira*）与 9 个单核苷酸多态性（SNPs）相关，而这些单核苷酸多态性参与调节宿主免疫和后肠代谢。有些细菌可能与能量获取和免疫功能存在着密切联系。例如，包括机会性致病物种在内的密螺旋体（*Treponema*）和芽孢杆菌属（*Bacillus*）都会引起感染，可能抑制犊牛生长。相比之下，丁酸生产菌属 *Roseburia*、*Oscillibacter* 和 *Ruminocococus* 可能通过在胃肠道中生产丁酸抑制炎症并促进犊牛生长。

（三）时间序列 GLV 生态模型在研究微生物多样性中的应用

肠道菌群是一个相对有弹性的生态系统，同一种群不同的个体可能携带不同菌群，但任何一个个体都倾向于长时间携带相同的关键种类，其组成随着时间的推移非常稳定。DNA 测序和宏基因组学的最新进展为研究人类微生物群打开了一扇窗口，揭示了某些菌群和疾病之间的新联系。然而，这些研究大多是横截面的，缺乏对生态系统结构及其对外部扰动反馈的研究，因此不能在时间层面准确预测微生物群的变化。

一种并未被广泛采用的方法是利用 GLV 生态模型来描述微生物时序多样性，该方法将经典的 Lotka-Volterra 人口动态模型与回归技术相结合，确定了可进一步用于预测生态系统动态变化的模型系数。Stein 等利用 GLV 模型预测了小鼠受不同剂量克林霉素扰动后肠道菌群恢复稳态的过程，研究结果表明，克林霉素会增加艰难梭菌（$Clostridium\ difficile$）的易感性，在小鼠肠道内存在一个涉及天然抵抗病原体定植的菌群子网络。此研究验证了菌群动力学数据模型具有显著的分析和预测能力。因此，推理和预测算法可与宏基因组学结合使用，以帮助合理设计诸如抗生素或益生菌治疗等方法。

时隔一年，Stein 团队在 Nature 上发表文章，利用一个涉及小鼠模型、临床研究、宏基因组分析和数学模型的工作流程，比较了来自人类和小鼠模型的归一化交互网络，并鉴定出闪烁梭菌（$Clostridium\ scindens$）与对 $Clostridium\ difficile$ 感染的抵抗有关。同一时间，研究者在 PNAS 的文章上利用统计方法和广义 GLV 模型对小鼠肠道菌群的时间序列数据进行了研究，结果表明，小鼠肠道微生物群落内缺乏互惠互动，在拟杆菌门（Bacteroidetes）的菌群间存在密切的寄生作用，在厚壁菌门（Firmicutes）的菌群间表现出的相互作用关系都是竞争性的。

在此基础上，Bucci 等提出从微生物种群时间序列数据推断 GLV 生态模型和预测时间行为的 MDSINE 算法，利用其研究了感染 $Clostridium\ difficile$

小鼠的肠道菌群动力学特征，并评估小鼠肠道菌群中混合益生菌定植的动力学特征，以及添加饮食扰动后对小鼠肠道菌群的后续影响，准确预测了小鼠肠道菌群内抑制病原体生长的稳定亚群落；Bogart 等提出了用于微生物组群时间序列分析的有监督的机器学习方法 MITRE，将随时间变化的微生物群与宿主状态的二元描述进行关联研究，并在半合成数据和 5 个真实数据集上验证了其性能，发现微生物群和宿主状态之间的潜在关系；Raman 等构建了基于时间序列变化的稀疏随机森林衍生模型与丰度矩阵，通过对矩阵进行奇异值分解并将其投影到主成分空间的方法，确定了孟加拉国出生队列健康成员肠道中的细菌分类群，并描述了居住在孟加拉国、印度和秘鲁的健康出生队列成员肠道微生物群变化，研究人员还将培养出的菌群植入无菌仔猪中获得悉生仔猪，在悉生仔猪从全母乳喂养过渡到完全断奶状态过程当中，观察其所携带人类菌群的相对丰度变化情况。

至此，微生物组动态预测模型开始进入应用阶段。使用针对微生物组成和非微生物组特征培养的复杂模型，可以在一定程度上预测个性化饮食干预对选定微生物组特征的影响。从宏基因组测序数据时间序列的共现模式可以重建相互作用网络，这类网络用于建立广义 GLV 模型，其中每个物种都以生长速度和与其他种群成员的相互作用强度作为参数（血液参数、饮食习惯、人体测量、身体活动和肠道微生物群浓度等），以此来预测餐后对现实饮食的个性化血糖反应，且成功定量描述粪便、血清氨基酸的变化水平，以应对饮食干预。

二、新生犊牛后肠道菌群时序多样性分析

（一）试验材料与方法

1. 试验时间与地点

本试验于 2019 年 10 月至 2020 年 3 月在五大连池市金澳牧场进行。

2. 试验设计

本试验以第一章中初产奶牛生产的犊牛（PNC）和经产奶牛生产的犊牛（MNC）为实验动物（各 12 头），采集出生当天（0d）、3d、5d、7d、15d、21d、30d 和 60d 的粪便样本。两组犊牛出生体重平均值见表 2-6。

表 2-6　两组犊牛出生时平均体重

项目	PNC组	MNC组
体重平均值（kg）	43.58±1.83[a]	42.39±1.72[a]

3. 饲养管理

两组犊牛采取 2 月龄断奶方式，犊牛出生 1h 内饲喂初乳（其母亲的初乳），每日 3 次。两组犊牛均自由饮水。自 7d 后，开始训练犊牛吃精料及羊草，60d 时精料采食量达到 2kg/d，之后犊牛自由采食精料及羊草。0～2 月龄犊牛具体饲喂方式见表 2-7。

表 2-7　0～2 月龄犊牛牛乳饲喂方式

日龄	每天饲喂牛乳次数	每头每天饲喂量（kg）	每头每顿饲喂量（kg）	每头总饲喂量（kg）
1～10	2	6	3	60
11～20	2	7	3.5	70
21～40	2	8	4	160
41～50	2	6	3	60
51～55	2	4	2	20
56～60	1	2	2	10
合计				380

4. 样本采集

佩戴无菌手套从母牛直肠采集粪便 20g 放入两个无菌管中。所有样品在采集后临时储存于液氮，并立即运输至实验室 −80℃ 冷冻，直到后续分析。

5. DNA 提取

吸取 1 000uL 十六烷基三甲基溴化铵（CTAB）裂解液至 2.0mL EP 管，加入 20μL 溶菌酶，将适量的样品加入裂解液中，65℃ 水浴（时间为 2h），期间颠倒混匀数次，以使样品充分裂解。离心取 950μL 上清液，加入与上清液等体积的酚（pH 8.0）：氯仿：异戊醇（25：24：1），颠倒混匀，12 000r/min 离心 10min。取上清液，加入等体积的氯仿：异戊醇（24：1），颠倒混匀，12 000r/min 离心 10min。吸取上清液至 1.5mL 离心管里，加入上清液 3/4 体积的异丙醇，上下摇晃，−20℃沉淀。12 000r/min 离心 10min 倒出液体，用 1mL 75%乙醇洗涤 2 次，剩余的少量液体可再次离心收集，然后用枪头吸出。超净工作台吹干或者室温晾干，加入 51μL ddH$_2$O 溶解 DNA 样品，加 RNase A1μL 消化 RNA，37℃放置 15min。之后利用琼脂糖凝胶电泳检测 DNA 的纯度和浓度，取适量的样品于离心管中，使用无菌水稀释样品至 1ng/μL。

6. PCR 扩增

以稀释后的基因组 DNA 为模板，使用带基因组条形码（Barcode）的特异引物 515F-806R，使用 New England Biolabs 公司的 Phusion® High-Fidelity PCR Master Mix with GC Buffer 作为酶和缓冲液进行 PCR，98℃预变性 1min，PCR 产物利用 2%浓度的琼脂糖凝胶进行电泳检测。

7. PCR 产物的混样和纯化

根据 PCR 产物浓度进行等浓度混样，充分混匀后使用 1×TAE 浓度 2%的琼脂糖胶电泳纯化 PCR 产物，选择主带大小在 400~450bp 之间的序列，割胶回收目标条带。产物纯化试剂盒采用 GeneJET 胶回收试剂盒（Thermo Scientific 公司）。

8. 文库构建和上机测序

使用 Illumina 公司 TruSeq DNA PCR-Free Library Preparation Kit 建库试剂盒进行文库的构建，构建好的文库经过 Qubit 定量和文库检测，合格后，使用 NovaSeq 6000 进行上机测序。

9. 序列分析

根据 Barcode 序列和 PCR 扩增引物序列从下机数据中拆分出各样本数据，

截去 Barcode 和引物序列后，使用 FLASH 对每个样本的 reads 进行拼接、过滤，参照 QIIME（V1.9.1）的质量控制流程对过滤后的标签（Tags）进行截取、过滤和去除嵌合体处理，再与物种注释数据库进行比对检测嵌合体序列，并去除其中嵌合体序列，得到最终有效数据。

利用 Uparse 软件（V7.0.1001）对所有样本进行聚类，默认以 97% 的一致性将序列聚类成为 OTUs，选取其中出现频数最高的序列作为 OTUs 代表性序列。利用 Mothur 方法与 SILVA132 的 SSUrRNA 数据库进行物种注释，MUSCLE（V3.8.31）软件进行快速多序列比对，最后以样本中数据量最少的为标准进行均一化处理。

10. 统计分析

通过 R 软件（V4.0.3）对 PTC 组和 MTC 组奶牛后肠道菌群测序数据进行统计显著性分析。两组奶牛后肠道菌群 Alpha 多样性的时序差异均利用 Tukey HSD 检验评估，置信水平为 0.05。两组奶牛后肠道菌群的结构差异均利用 Bray Curtis 距离进行主坐标分析和置换多元方差分析（PERMANOVA）评估，置信水平为 0.05。两组奶牛后肠道菌群丰度的时序差异均利用 Wilcoxon 检验评估，奶牛组置信水平为 0.05。

（二）结果与分析

1. 新生犊牛后肠道菌群 Alpha 多样性的时序分析

149 个样本共生成 14 475 778 条 16S rRNA 原始 reads，通过拼接、过滤和去嵌合体得到 9 655 281 条 reads，平均每个样本得到 64 800 条高质量序列，其中质量值为 Q20 和 Q30 部分平均在 98.65% 和 96.42% 以上，说明检测样品的序列数和质量良好，能够满足后续分析要求。Shannon 多样性曲线趋于平稳，表明测序深度足以捕获具有代表性的菌群多样性，能够满足试验要求（图 2-8）。

在 0~15d 这一阶段，两组犊牛的三个指数变化幅度较大，其中 PNC 组

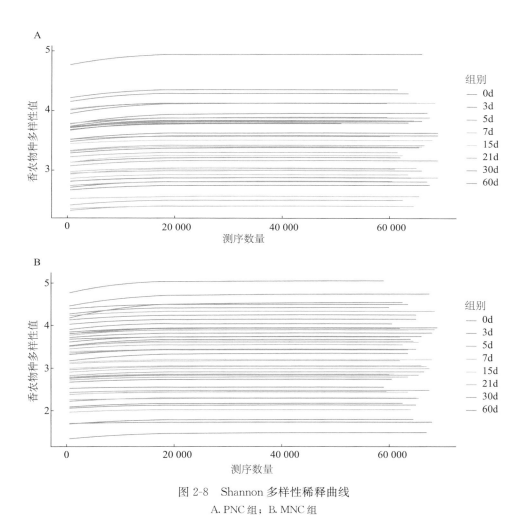

图 2-8 Shannon 多样性稀释曲线
A. PNC 组；B. MNC 组

Shannon、Chao1 和 Observed_species 多样性指数平均值和 MNC 组 Shannon 多样性指数平均值自 0d 至 3d 下降，5d 至 15d 上升；MNC 组 Chao1、Observed_specie 多样性指数自 0d 至 5d 下降，5d 至 15d 上升。在 21~60d 这一阶段，Shannon、Chao1 和 Observed_species 多样性指数平均值分别在两组呈现出不同趋势：PNC 组一直上升，MNC 组先升后降，且变化均比 0~15d 稳定（图 2-9）。两组犊牛后肠道菌群在各时间点平均 Alpha 多样性指数见表 2-8。

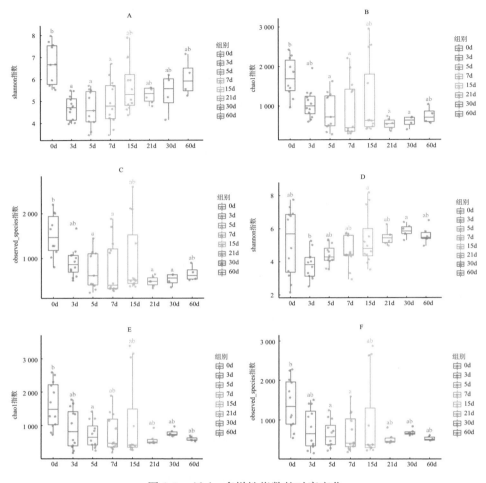

图 2-9　Alpha 多样性指数的时序变化

A～C. PNC 组 Shannon、Chao1、Observed-species 多样性指数；D～F. MNC 组 Shannon、Chao1、Observed-species 多样性指数。显著性水平：$P<0.05$，检验方法：Tukey HSD 检验

表 2-8　犊牛后肠道菌群各时间点平均 Alpha 多样性指数

组别	时间点	Observed_species 指数	Shannon 指数	Chao1 指数
MNC 组	0d	1 406.67	5.20	1 611.32
MNC 组	3d	771.58	3.79	912.14

(续)

组别	时间点	Observed_species 指数	Shannon 指数	Chao1 指数
MNC 组	5d	632.33	4.41	722.07
MNC 组	7d	657.83	4.62	763.98
MNC 组	15d	955.83	5.34	1 115.12
MNC 组	21d	514.83	5.47	574.30
MNC 组	30d	519.167	5.59	585.56
MNC 组	60d	1 406.67	5.20	1 611.32
PNC 组	0d	1 517.90	6.69	1 726.79
PNC 组	3d	903.33	4.69	1 061.52
PNC 组	5d	749.64	4.67	870.77
PNC 组	7d	794.75	4.95	919.97
PNC 组	15d	984.17	5.66	1 147.84
PNC 组	21d	484.83	5.27	549.00
PNC 组	30d	525.25	5.37	597.92
PNC 组	60d	658.50	6.05	754.38

2. 新生犊牛后肠道菌群的 Beta 多样性的时序分析

利用 Bray Curtis 距离评估 β 多样性，说明 PNC 组和 MNC 组后肠道菌群变化的动态过程（图 2-10）。PCoA 图显示，对于 PNC 组，在第一、二坐标轴确定平面内 0d、3～15d，21～60d 的数据明显分开（图 2-10A），第一、三坐标轴确定平面内 0～15d、21～60d 的数据明显分开（图 2-10B），第二、三坐标轴确定平面内 0d 的数据与其他时间点的数据明显分开（图 2-10C）。对于 MNC 组，在第一、二坐标轴确定平面内 0～7d 与 21～60d 的数据明显分开，且在第一、第三轴确定平面菌群数据呈 V 形分布，这些结果说明犊牛后肠道菌群构成会随时间的变化而变化。计算各时间点到 60d 的 Bray Curtis 距离差值，除 PNC 组在 3～5d 上升以外，两组其余时间点到 60d 的变化均逐渐趋近（图 2-11）。

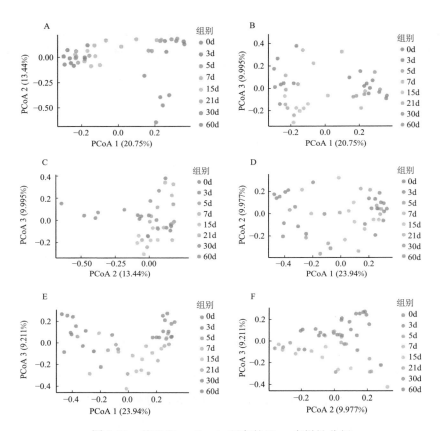

图 2-10 基于 Bray Curtis 距离的 Beta 多样性分析
A~C. PNC 组；D~F. MNC 组

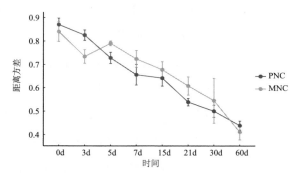

图 2-11 所有时间点距 60d 的 Bray Curtis 距离差值

3. 新生犊牛后肠道优势菌群的确定

对于 PNC 组和 MNC 组，定义相对丰度大于 0.5% 的门为优势菌门，分别在每个时间点筛选优势菌门（图 2-12）。两组在每个时间点变形菌门（Proteobacteria）、厚壁菌门（Firmicutes）和拟杆菌门（Bacteroidota）都是优势菌门，其中 Firmicutes、Bacteroidota 的丰度在各个时间点的变化稳定，但 Proteobacteria 的丰度随时间变化呈现下降趋势。放线菌门（Actinobacteria）是除 60d 以外时间点的优势菌门。梭杆菌门（Fusobacteria）是 PNC 组中除 15d 之外，MNC 组中除 30d、60d 之外所有时间点的优势菌门。酸杆菌门

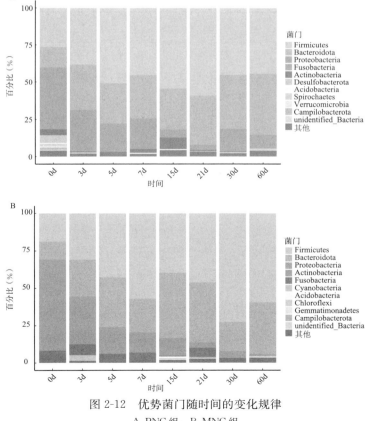

图 2-12 优势菌门随时间的变化规律
A. PNC 组；B. MNC 组

(Acidobacteria) 在 PNC 组中 0d、7d、15d，MNC 组中 15d 这几个时间点为优势菌门。Campilobacterota 在 PNC 组中 0d、MNC 组中 21d 两个时间点为优势菌门。脱硫菌门（Desulfobacterota）在 PNC 组中 0d、3d、21d、60d 时成为优势菌门。Spirochaetes、疣微菌门（Verrucomicrobia）仅在 PNC 组 0d 时成为优势菌门；蓝细菌门（Cyanobacteria）仅在 MNC 组中 0d 成为优势菌门；绿弯菌门（Chloroflexi）、芽单胞菌门（Gemmatimonadetes）仅在 MNC 组中 15d 成为优势菌门。两组犊牛后肠道优势菌门在各个时间点的平均相对丰度见表 2-9。

表 2-9 各时间点优势菌群平均相对丰度百分比（门水平）

组别	菌门	0d	3d	5d	7d	15d	21d	30d	60d
PNC 组	Proteobacteria	38.077	21.531	14.722	10.203	5.472	1.600	1.915	4.021
PNC 组	Firmicutes	26.556	38.278	51.019	45.492	54.606	59.434	45.243	44.337
PNC 组	Bacteroidota	13.498	30.517	26.716	28.953	27.244	32.660	36.088	41.030
PNC 组	Actinobacteria	4.016	0.599	1.878	2.600	7.716	0.756	0.520	0.185
PNC 组	其他	1.992	0.654	0.473	0.528	2.056	2.493	1.855	3.274
PNC 组	Fusobacteria	3.517	6.245	4.381	10.310	0.370	1.891	13.376	5.200
PNC 组	Desulfobacterota	5.169	0.951	0.261	0.061	0.177	0.510	0.191	0.726
PNC 组	unidentified_Bacteria	0.724	0.141	0.057	0.068	0.169	0.413	0.708	0.793
PNC 组	Acidobacteria	0.715	0.111	0.004	0.668	0.714	0.001	0	0.001
PNC 组	Spirochaetes	1.297	0.166	0.064	0.012	0.024	0.045	0.011	0.010
PNC 组	Verrucomicrobia	1.250	0.176	0.110	0.196	0.351	0.071	0.011	0.012
PNC 组	Campilobacterota	1.277	0.219	0.041	0.006	0.013	0.068	0.029	0.015
MNC 组	Proteobacteria	54.31	30.61	15.71	9.229	6.632	2.009	2.534	1.589
MNC 组	Firmicutes	18.786	30.893	42.673	57.013	39.692	46.127	72.642	59.471
MNC 组	Bacteroidota	12.052	24.618	33.395	22.503	43.713	40.080	19.485	34.476
MNC 组	Actinobacteria	6.505	1.251	2.083	4.311	5.205	1.624	2.126	0.394
MNC 组	Fusobacteria	5.482	7.448	5.265	5.178	0.511	6.261	0.470	0.397
MNC 组	其他	0.767	0.305	0.220	0.364	0.730	2.365	1.925	2.222

(续)

组别	菌门	0d	3d	5d	7d	15d	21d	30d	60d
MNC 组	unidentified_Bacteria	0.306	0.064	0.032	0.033	0.079	0.502	0.441	1.049
MNC 组	Cyanobacteria	0.153	3.845	0.361	0.162	0.019	0.179	0.034	0.126
MNC 组	Acidobacteria	0.058	0.217	0.005	0.111	1.139	0.001	0.002	0
MNC 组	Chloroflexi	0.037	0.105	0.005	0.064	0.573	0.001	0.001	0.001
MNC 组	Gemmatimonadetes	0.036	0.078	0.004	0.103	0.628	0	0	0
MNC 组	Campilobacterota	0.106	0.011	0.019	0.458	0	0.557	0.019	0.011

在属水平，定义为相对丰度大于 0.1% 的菌属为优势菌属，对两组在每一个时间点都筛选优势菌属，其中 PNC 组筛选出 137 种，MNC 组筛选出 132 种。由于每种优势菌属并非在所有时间点相对丰度均大于 0.1%，因此对两组分别计算在不同时间点共有优势菌属数量和特异优势菌属数量（仅在一个时间点检测到）（图 2-13）。由图 2-13 可知，两组均是 0d 的特异优势菌属数量最多，其中 PNC 组 49 种，MNC 组 40 种；两组在 0~60d 的共有优势菌属数量排在第二位，其中 PNC 组 21 种，MNC 组 18 种。PNC 组中数量在第三位的是 60d 特异优势菌属（6 种），MNC 组中数量在第三位的是 15d 特异优势菌属（7 种）；两组在 0d 与 3d 共有菌属数量、0~15d 共有菌属数量及 30d 和 60d 共有菌属数量也相似，PNC 组分别为 5 种、4 种、4 种，MNC 组分别为 6 种、5 种、5 种。

为分析优势菌属在不同时间点的变化规律，依次将每种优势菌属在各时间点的相对丰度与在 0d 时的相对丰度进行 Wilcoxon 检验。若一个菌属在某时间点的相对丰度大于 0.5% 且与 0d 时的相对丰度具有显著性差异（$P<0.01$），则将其筛选出来，体现在丰度随时间变化的热图中（图 2-14）。PNC 组、MNC 组在其余时间点的丰度与 0d 时丰度具有显著差异的优势菌属数量分别为 32 种和 44 种，两组共有菌属为 25 种。两组中拟杆菌属（*Bacteroides*）在多个时间点的丰度都与 0d 时的丰度差异显著，*Faecalibacterium* 在 21~60d 丰

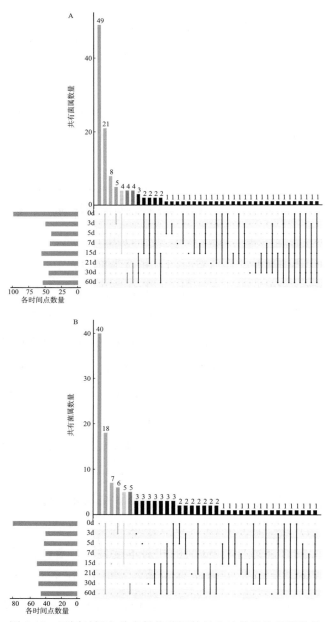

图 2-13 不同时间点共有优势菌属数量和特异优势菌属数量
A. PNC 组;B. MNC 组

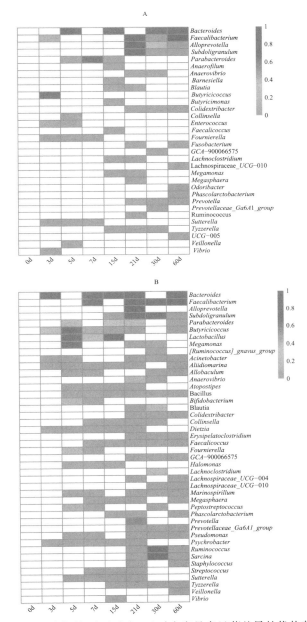

图 2-14　不同时间点丰度与 0d 时丰度具有显著差异的优势菌属
A. PNC 组；B. MNC 组

度较高，且在 MNC 组更稳定。*Alloprevotella* 在两组中 21d 时的相对丰度较高，其在 PNC 组中 30d 与 60d 两个时间点的丰度也与 0d 时的丰度差异显著；在 MNC 组中除 21d 这一时间点之外，在其余时间点的丰度与 0d 时的丰度差异不显著。副拟杆菌属（*Parabacteroides*）在 PNC 组中自 5~15d 的丰度均与 0d 时的丰度差异显著，且丰度值先增后减；在 MNC 组中 5~60d 的丰度均与 0d 时的丰度差异显著，且丰度值逐渐下降。丁酸麻球菌属（*Butyricicoccus*）在 PNC 组中 3d 时的丰度与 0d 差异显著，在 MNC 组中除 30d 外，在其余时间点的丰度与 0d 时的丰度差异显著且呈波动趋势。两组犊牛中粪杆菌属（*Faecalibacterium*）的丰度在 21~60d 这一时间段内与 0d 差异显著（$P<0.05$），从图 2-13 可知 MNC 组中在其余时间点的丰度与 0d 时丰度差异显著的优势菌属数量比 PNC 组多，这也说明了 MNC 组后肠道菌群的变化比 PNC 组更丰富。

（三）讨论

已有研究表明，肠道微生物群的结构对奶牛的健康发育和免疫系统的功能至关重要，可防止断奶前犊牛常见的胃肠道疾病。出生到断奶期间犊牛肠道菌群变化较大，深入了解此时犊牛肠道群的变化规律，挖掘犊牛在生长和发育的关键阶段中的益生菌群构成，可为犊牛后续健康发育提供理论基础。为揭示新生犊牛后肠道菌群的时序性变化及不同胎次奶牛所生产犊牛后肠道菌群的差别，将经产、初产奶牛所生产犊牛分为两组，获取犊牛后肠道菌群的 16S rRNA 高通量测序数据，分析两组犊牛在 0~60d 这一时间段内后肠道菌群的演替差异。

两组犊牛后肠道菌群的 Alpha 多样性中 Shannon 指数、Chao1 指数及观测到的特征指数在 0~15d 这一时间段内变化趋势相似，呈现先下降后上升的趋势，且波动幅度较大；在 21~60d 这一时间段内 PNC 组三个指数均呈上升趋势，MNC 组则是先增加后减少，变化幅度均比 0~15d 这一时间段的小，说明随着犊牛生长发育，后肠道菌群的 Alpha 多样性先在 15d 之内迅速变化，而后渐渐趋于稳定。Beta 多样性对应的 PCoA 图也体现出了两组犊牛后肠道菌群结构的特征：两组数据在 21～60d 这一时间段均分开明显，这从群落结构层面也表明无论 PNC 组还是 MNC 组，犊牛后肠道菌群都具备时序变化特征。比较奶牛（第一章）和犊牛（本章）后肠道菌群的 Alpha 多样性指数可知，无论是初产组还是经产组，母代与子代相比时犊牛和奶牛的 Shannon、Chao1 和观测到的特征指数差异显著（$P<0.05$）（PTC 组和 PNC 组在 0d 时的 Chao1 指数和观测到的特征指数除外，但在 0d 时也是 PNC 组三个指数比 PTC 的要低，图 2-9），这也验证了 Klein 等的结论：犊牛肠道菌群的多样性显著低于奶牛肠道菌群。

在门水平上，与奶牛相同，两组犊牛后肠道中 Proteobacteria、Firmicutes 和 Bacteroidota 在所有时间点都是优势菌门，其中 Firmicutes、Bacteroidota 的丰度在各个时间点的变化稳定，Proteobacteria 的丰度随时间变化呈现下降趋势。Fusobacteria、Actinobacteria 在两组犊牛后肠道中绝大部分时间点为优势菌门（Fusobacteria 在 PNC 组 15d、MNC 组 30d 时，Actinobacteria 在 PNC、MNC 组 60d 时并非优势菌门）。Actinobacteria 在两组奶牛后肠道所有时间点也为优势菌门，这也验证了我们前期在研究新生犊牛后肠道菌群与奶牛胎盘、脐带、羊水、初乳及奶牛粪便几个部位菌群母源传递特征时发现的结论：Actinobacteria 是母源传递过程时的主要菌门，在犊牛胎粪中与母体各部匹配程度高的部位是脐带、奶牛粪便和羊水。Fusobacteria 可激活宿主的炎症反应，Matsha 等的研究发现 Fusobacteria、Actinobacteria 均是口腔中常见的优势菌，且糖尿病患者中的 Fusobacteria 和 Actinobacteria 数量明显增多，然而 Fusobacteria 在两组奶牛后肠道中所有点均非优势菌门，其也非犊牛母源传递过程中由母体传递的主要菌群，这说明 Fusobacteria 在犊牛后肠道定植的来源还需要进一步研究。Acidobacteria 是肠道中的有益菌，其在两组犊牛日龄较小时（0～15d）为后肠道中的优势菌门（PNC 组中 7d 时除外），该菌在两组奶牛后肠道中并非优势菌门，而母源传递结果显示，该菌在犊牛胎粪中主要与母体羊水、初乳、胎盘和脐带这几个部位匹配；Spirochaetes、Verrucomicrobia、Cyanobacteria 也是在母源传递过程中门水平上主要传递的菌群，但这几种菌均非本研究中两组奶牛后肠道中的优势菌群，这说明 Acidobacteria 等菌门在犊牛后肠道定植的主要来源并非奶牛肠道，更有可能是羊水、初乳等部位。我们还可以从图 2-15 中发现，两组犊牛后肠道中占比较大的优势菌群 Proteobacteria 随日龄变化而逐渐降低，这些研究结果说明了新生犊牛后肠道菌群与奶牛后肠道菌群结构上具有很大差异，犊牛后肠道中部分菌群可从母体其他部位定植，还有些菌群（如 Fusobacteria）的定植来源需进一步研究。

在属水平上，依次将每种优势菌属在各时间点的相对丰度与在 0d 时的相对丰度进行 Wilcoxon 检验。PNC 组、MNC 组在其余时间点的丰度与 0d 时丰度具有显著差异的优势菌属数量分别为 32 种和 44 种，两组共有菌属为 25 种，然而即便是两组共有菌属，在每一组的变化规律也不尽相同。*Bacterodies*、*Facalibacterium* 在两组中各时间点内丰度的变化呈波动趋势，二者均是奶牛肠道中的常见菌属，主要负责生产 SCFA。*Subdoligranulum*、*Colidextribacter*、*Lachnospiraceae_UCG*-010 和 *Tyzzerella* 是两组中在 15d 之后的丰度与 0d 时的丰度差异显著的优势菌属，目前对小鼠的研究得出，受肠道微生态失调影响的 *Clostridiales* 菌属与 *Subdoligranulum* 联合用药会阻止小鼠发生食物过敏。Duan 等发现，对小鼠饲喂源自全麦燕麦中的类黄酮（FO）可显著减少 *Colidextribacter* 的丰度，且 *Colidextribacter* 与高脂血症中相关指标存在较强的相关性。*Lachnospiraceae_UCG*-010 为产丁酸盐细菌，在研究山羊羔羊肠道菌群多样性时发现，其是羔羊断奶后丰度显著增加的菌属。*Tyzzerella* 的功能在第一章中已经阐述，在此不多赘述。厌氧弧菌属（*Anaerovibrio*）、巨单胞菌属（*Megamonas*）和布劳氏菌属（*Blautia*）是在两组中较靠后的两个时间点的丰度与 0d 时丰度差异显著的优势菌属，其中 *Anaerovibrio* 在二组中均是在 21d

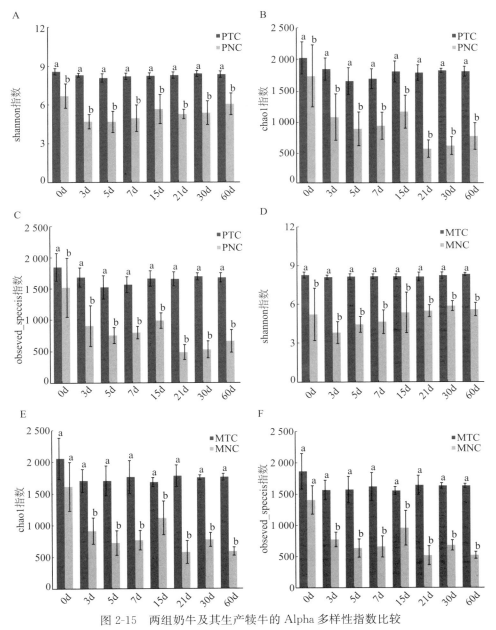

图 2-15 两组奶牛及其生产犊牛的 Alpha 多样性指数比较

A~C. PTC 组和 PNC 组 Shannon、Chao1、Observed-species 指数比较;D~F. MTC 组和 MNC 组 Shannon、Chao1、Observed-species 指数比较

和 30d 时的丰度与 0d 时丰度差异显著，而 *Megamonas*、*Blauia* 均是在 PNC 组中 15d、21d 时，在 MNC 组中 21d、30d 时的丰度与 0d 的丰度差异显著。近期一项对猪的肠道菌群与饲料转化率之间的关联研究中发现，*Anaerovibrio*、*Blautia* 的扩增子序列变体与饲料转化率显著相关，而与所考虑的时间点无关。一项对肥胖人群肠道菌群的研究则表明，与对照组相比，*Megamonas*、*Blauia* 在肥胖人群肠道中的丰度显著增加，且 *Blautia* 与粪便中丁酸盐和丙酸盐含量呈正相关。*Fournierella* 和萨特氏菌属（*Sutterella*）是在两组中较靠前时间点的丰度与 0d 时丰度差异显著的优势菌属，PNC 组中，二者在 3d、5d 时的丰度与 0d 时的丰度差异显著；MNC 组中，*Fournierella* 在 5d、7d 时的丰度与 0d 时的丰度差异显著，*Sutterella* 在 5~21d 这一时间段内的丰度与 0d 时的丰度差异显著。Yaskolka 等的研究发现，*Fournierella* 是一种与肝脏脂肪（IHF）含量相关的菌属，在后续研究中拟将其作为非酒精脂肪肝干预的切入点；Liu 等对用孤雌内酯（PTL）治疗的患结肠炎小鼠进行研究时表明，PTL 治疗可下调促炎细胞因子水平，包括 IL-1β、TNF-α、IL-6 和 IL-17A，并上调结肠组织中的免疫抑制细胞因子 IL-10，与此同时 PTL 治疗后的小鼠肠道菌群中 *Fournierella* 明显富集。

还有一部分共有菌属在两组中的时序变化特征并非类似：副拟杆菌属（*Parabacteroides*）、*Butyricicoccus*、柯林斯菌属（*Collinsella*）、巨球型菌属（*Megasphaera*）、考拉杆菌属（*Phascolarctobacterium*）、普雷沃氏菌属（*Prevotella*）、瘤胃球菌属（*Ruminococcus*）在 MNC 组中多个时间点的丰度与 0d 时的丰度差异显著，而在 PNC 组中仅在少数几个时间点的丰度与 0d 时的丰度差异显著。Zeng 在利用随机森林模型检测代谢异常的肥胖患者中肠道菌群与高尿酸、高血脂和高血压的临床指标关联（低密度脂蛋白、甘油三酯和总胆固醇等）时发现，*Butyricicoccus*、*Parabacteroides* 与这些临床指标呈负相关，可作为预测肥胖相关代谢功能异常的生物标记物，对这些生物标记物进行干预可能有助于减肥和改善代谢功能。Deng 等在研究甲基苯丙胺使用障碍

（MUD）患者粪便菌群与血液炎症标记物之间关联时发现，在患有MUD的受试者中，*Collinsella*和*Megasphaera*的丰度较高，其丰度的改变与血液中CRP、IL-2、IL-6和IL-10水平相关，肠道菌群与宿主免疫系统之间的相互作用可能有助于开发治疗MUD的新方法。*Phascolarctobacterium*、*Prevotella*和*Ruminococcus*都是肠道中的益生菌，近期一项研究表明马尾藻多糖（SPP）及其降解组分可通过增加这三种菌的相对丰度来调节肠道健康。Luo等通过补充儿茶素对肥胖小鼠进行高低聚果糖（FOS）饮食干预后发现，小鼠肠道中*Parabacteroides*、*Prevotella*、*Phascolarctobacterium*的丰度增加，*Ruminococcus*的丰度降低，并伴随着7个基因的上调，1个基因的下调，研究结果表明补充儿茶素可通过改变肠道菌群和结肠上皮细胞的基因表达和功能来诱导宿主体重减轻。

除共有菌属外，一些在其他时间点的丰度与0d时的丰度具显著差异的优势菌属只在PNC组或MNC组中出现。别样海源菌属（*Aliidiomarina*）、*Allobaculum*、*Atopostipes*、芽孢杆菌属（*Bacillus*）、*Dietzia*、*Faecalicoccus*和海螺菌属*Marinospirillum*是在MNC组中4个时间点以上的丰度与0d时的丰度具有显著差异的菌属。*Aliidiomarina*、*Bacillus*、*Marinospirillum*是低盐湖泊中的主要菌属，*Bacillus*与*Dietzia*也是嗜碱油利用细菌，是硫化床矿石中可培养的菌属，具有很好的烃类降解和良好的高盐、高碱耐受能力，我们猜测其在MNC组中出现的原因与牧场所在地五大连池市特殊的火山地质地貌有关，但为什么只在MNC组中成为与0d时丰度具有显著差异的优势菌属还需进一步研究。有研究发现*Allobaculum*丰度的增加会加大高脂血、高血糖和肝脂肪变性的风险，Li等发现对大鼠饲喂钝顶螺旋藻粗多糖（SPLP）可改善大鼠体重、血清/肝脏脂质和碳水化合物指数及肝脏抗氧化参数，SPLP干预显著降低HFD喂养大鼠的盲肠丙酸水平，与此同时，血清/肝脏脂质和碳水化合物谱与*Allobaculum*丰度呈正相关，与*Atopostipes*丰度呈负相关。关于*Faecalicoccus*的报道有限，但Forbes等在比较免疫介导的炎症性疾病

(IMID)患者与健康对照组肠道菌群时，利用机器学习方法识别出 *Faecalicoccus* 是区分克罗恩病患者与健康受试者的重要生物标记物。此外，只在 PNC 组中出现的优势菌属仅在 1～2 个时间点的丰度与 0d 具有显著性差异，代表性不强，在此不做过多讨论。

三、新生犊牛与免疫指标相关联标志菌群的时序分析

（一）材料与方法

1. 试验时间与地点

本试验于 2019 年 10 月至 2020 年 3 月在五大连池市金澳牧场进行。

2. 试验设计

对本节第二部分犊牛（PNC 组 6 头，MNC 组 6 头）于 0d、3d、5d、7d、15d 采集血液样本。

3. 饲养管理

两组犊牛采取 2 月龄断奶方式，犊牛出生 1h 内饲喂初乳（其母亲的初乳），每日 3 次。两组犊牛均自由饮水。自 7d 后，开始训练犊牛吃精料及羊草，60d 时精料采食量达到 2kg/d，之后犊牛自由采食精料及羊草。牛乳的具体饲喂方式见表 2-7。

4. 样本采集

（1）粪样的采集　佩戴无菌手套从犊牛直肠采集粪便 20g 放入两个无菌管中。所有样品在采集后临时储存于液氮，并立即运输至实验室−80℃冷冻，直到后续分析。

（2）血样的采集　犊牛出生后立即于颈静脉采血，其他时间点均于晨饲前空腹颈静脉采血，采集血液 10mL 置于促凝真空管内，室温静置 20min，3 500r/min 离心 15min，取血清分装于 1.5mL 的离心管中，置于−20℃冰箱待测。

5. 免疫指标的测定

测定犊牛血清免疫指标，包括白细胞介素 1β（IL-1β）、白细胞介素 2（IL-2）、白细胞介素 6（IL-6）、免疫球蛋白 A（IgA）、免疫球蛋白 G（IgG）、免疫球蛋白 M（IgM）和肿瘤坏死因子 α（TNF-α）。按照试剂盒操作说明采用双抗体夹心 ELISA 法进行测定，所需试剂盒购自江苏酶免实业有限公司。

6. 统计分析

通过 R 软件（V4.0.3）对 PTC 组和 MTC 组奶牛后肠道菌群测序数据进行统计显著性分析。两组奶牛后肠道菌群 Alpha 多样性的时序差异均利用 Tukey HSD 检验评估，置信水平为 0.05。两组奶牛后肠道菌群的结构差异均利用 Bray Curtis 距离进行主坐标分析和置换多元方差分析（PERMANOVA）评估，置信水平为 0.05。两组奶牛后肠道菌群丰度的时序差异均利用 Wilcoxon 检验评估，奶牛组置信水平为 0.05。

（二）结果与分析

1. 新生犊牛 IL-1β 测定结果与分析

PNC 组和 MNC 组在各个采样时间点 IL-1β 含量比较见图 2-16，平均含量见表 2-10，变化趋势见图 2-17。由表 2-10、图 2-16、图 2-17 可知，两组犊牛 IL-1β 含量在各个时间点差异均不显著（$P \geqslant 0.05$）；两组 IL-1β 平均含量的变化趋势相同：0～3d 升高，其中 MNC 组上升幅度比 PNC 组大；3～5d 下降，且 5d 时 IL-1β 含量是所有时间点中的最低值；5～15d，两组的 IL-1β 值均呈现先增高再降低至 0d 时的近似含量。

表 2-10　各时间点 IL-1β 平均含量统计

（单位：ng/L）

组别	0d	3d	5d	7d	15d
PNC	$53.23^a \pm 6.44$	$53.39^a \pm 6.07$	$50.86^a \pm 6.96$	$58.07^a \pm 7.33$	$53.60^a \pm 5.45$
MNC	$48.73^a \pm 5.30$	$56.87^a \pm 8.06$	$50.57^a \pm 8.17$	$54.75^a \pm 8.82$	$48.79^a \pm 7.32$

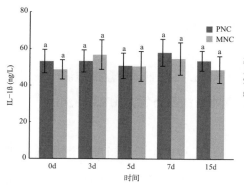

图 2-16 PNC 组和 MNC 组在各个时间点 IL-1β 平均含量

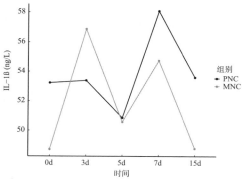

图 2-17 PNC 组和 MNC 组 IL-1β 平均含量随时间的变化趋势

2. 新生犊牛 IL-2 测定结果与分析

PNC 组和 MNC 组在各个采样时间点 IL-2 含量比较见图 2-18，平均含量统计见表 2-11，其变化趋势见图 2-19。由表 2-11、图 2-18、图 2-19 可知，PNC 组和 MNC 组 IL-2 含量在各时间点差异均不显著（$P<0.05$），除 15d 以外，MNC 组在其余时间点的 IL-2 平均含量都比 PNC 组高；两组中 IL-2 平均含量自 0d 到 5d 均逐渐增加，不同的是 PNC 组在 7d 时 IL-2 平均含量降低，而 MNC 组则继续增加；自 7d 至 15d，IL-2 平均含量在 PNC 组呈增加趋势，在 MNC 组呈下降趋势，这也导致 15d 时两组 IL-2 平均含量差值减小。

表 2-11 各时间点 IL-2 平均含量统计

（单位：ng/L）

组别	0d	3d	5d	7d	15d
PNC	307.29[a]±38.89	312.88[a]±71.86	335.98[a]±63.33	305.78[a]±48.22	337.80[a]±60.42
MNC	311.21[a]±52.55	312.88[a]±21.63	340.82[a]±45.38	364.53[a]±54.30	325.26[a]±48.51

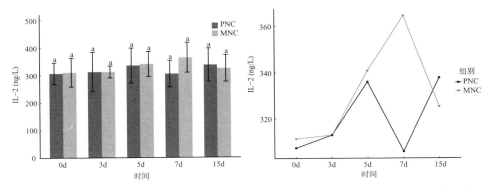

图 2-18　PNC 组和 MNC 组在各个时间点 IL-2 平均含量

图 2-19　PNC 组和 MNC 组 IL-2 平均含量随时间的变化趋势

3. 新生犊牛 IL-6 测定结果与分析

PTC 组和 MTC 组在各个采样时间点 IL-6 含量比较见图 2-20，平均含量见表 2-12，其变化趋势见图 2-21。由表 2-12、图 2-20、图 2-21 可知，PNC 组与 MNC 组 IL-6 含量在 7d 差异显著（$P<0.05$），在其他时间点差异均不显著（$P\geqslant 0.05$）；除 15d 以外，PNC 组在其余时间点的 IL-6 平均含量都比 MNC 组高。两组 IL-6 平均含量自 0d 到 5d 均呈先增加后减少的变化趋势，不同的是 MNC 组自 5d 至 7d 时 IL-6 平均含量继续下降，而 PNC 组则上升，这也导致了两组在 7d 时 IL-6 平均含量差异显著；自 7d 至 15d，IL-6 平均含量在 PNC 组呈下降趋势，在 MNC 组呈上升趋势，导致 15d 两组 IL-6 平均含量差值缩小。

表 2-12　各时间点 IL-6 平均含量统计

（单位：ng/L）

组别	0d	3d	5d	7d	15d
PNC	$11.89^a \pm 2.60$	$14.21^a \pm 1.77$	$13.26^a \pm 1.31$	$15.06^a \pm 0.43$	$11.46^a \pm 1.88$
MNC	$11.54^a \pm 2.11$	$12.67^a \pm 1.04$	$11.39^a \pm 2.32$	$10.30^b \pm 1.61$	$12.40^a \pm 2.58$

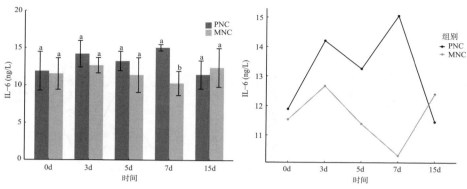

图 2-20　PNC 组和 MNC 组在各个时间点 IL-6 平均含量

图 2-21　PNC 组和 MNC 组 IL-6 平均含量随时间的变化趋势

4. 新生犊牛 IgA 测定结果与分析

PNC 组和 MNC 组在各个采样时间点 IgA 含量比较见图 2-22，平均含量见表 2-13，其变化趋势见图 2-23。由表 2-13、图 2-22、图 2-23 可知，PNC 组与 MNC 组 IgA 含量在各时间点差异均不显著（$P \geqslant 0.05$）；在 0d、3d 和 7d 三

表 2-13　各时间点 IgA 平均含量统计

（单位：μg/mL）

组别	0d	3d	5d	7d	15d
PNC	$146.00^a \pm 26.31$	$137.69^a \pm 35.65$	$144.92^a \pm 28.83$	$136.31^a \pm 30.40$	$127.22^a \pm 30.99$
MNC	$144.39^a \pm 24.67$	$136.92^a \pm 22.88$	$136.92^a \pm 23.33$	$147.46^a \pm 30.34$	$135.77^a \pm 33.53$

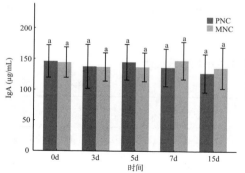

图 2-22　PNC 组和 MNC 组在各个时间点 IgA 平均含量

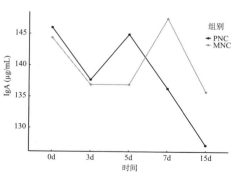

图 2-23　PNC 组和 MNC 组 IgA 平均含量随时间的变化趋势

个时间点中 PNC 组的 IgA 平均含量比 MNC 组高；两组 IgA 平均含量在 0～3d、7～15d 的变化趋势相同，不同之处在于自 3～5d 时两组中 IgA 含量虽然都呈上升趋势，但 PNC 组的上升幅度更大，5～7d 时 PNC 组 IgA 平均含量下降，而 MNC 组上升。

5. 新生犊牛 IgG 测定结果与分析

PNC 组和 MNC 组在各个采样时间点 IgG 含量比较见图 2-24，平均含量见表 2-14，其变化趋势见图 2-25。由表 2-14、图 2-24、图 2-25 可知，PNC 组与 MNC 组 IgG 含量在各时间点差异不显著（$P \geqslant 0.05$）；除 3d、15d 外，在其余各个时间点 PNC 组的 IgG 平均含量均比 MNC 组高。在 0～5d 这一时间段内，PNC 组呈现先降后增的趋势，而 MNC 组相反，呈现先增后降的趋势；5～15d 这一时间段内两组 IgG 平均含量的变化趋势相同，都是先增后降，其中 7～15d 时 PNC 组的变化幅度更大。

表 2-14 各时间点 IgG 平均含量统计

（单位：μg/mL）

组别	0d	3d	5d	7d	15d
PNC	8 002.08^a±773.75	6 856.03^a±825.36	7 041.80^a±989.37	7 329.62^a±696.42	6 502.79^a±809.60
MNC	6 976.39^a±1 373.41	7 376.72^a±1 046.92	6 730.43^a±966.94	6 845.56^a±1 168.82	6 814.16^a±772.50

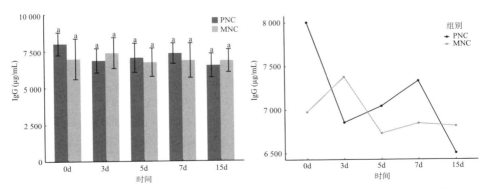

图 2-24 PNC 组和 MNC 组在各个时间点 IgG 平均含量

图 2-25 PNC 组和 MNC 组 IgG 平均含量随时间的变化趋势

6. 新生犊牛 IgM 测定结果与分析

PNC 组和 MNC 组在各个采样时间点 IgM 含量比较见图 2-26，平均含量见表 2-15，其变化趋势见图 2-27。由表 2-15、图 2-26、图 2-27 可知，PNC 组与 MNC 组 IgM 含量在 5d 差异显著（$P<0.05$），在其余各时间点差异均不显著（$P\geqslant 0.05$）；除 0d 外，在其余各个时间点 PNC 组的 IgG 平均含量均比 MNC 组高。从图 2-27 可知，两组的 IgG 平均含量变化趋势差异明显，PNC 组自 0～15d 整个采样时间段内 IgG 的平均含量均上升，而 MNC 组 0～5d 内 IgG 平均含量一直下降，尤其 3～5d 时 IgG 平均含量迅速下降，至 7d 又迅速增加，7～15d 再次小幅下降。

表 2-15　各时间点 IgM 平均含量统计

（单位：μg/mL）

组别	0d	3d	5d	7d	15d
PNC	347.40^a±69.89	370.35^a±88.52	379.05^a±78.77	382.01^a±71.45	390.34^a±62.13
MNC	394.04^a±55.72	365.91^a±68.75	260.58^b±74.72	371.65^a±88.72	348.69^a±100.22

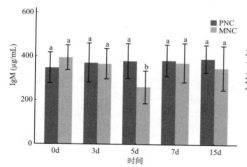

图 2-26　PNC 组和 MNC 组在各个时间点 IgM 平均含量　　图 2-27　PNC 组和 MNC 组 IgM 平均含量随时间的变化趋势

7. 新生犊牛 TNF-α 测定结果与分析

PNC 组和 MNC 组在各个采样时间点 TNF-α 含量比较见图 2-28，平均含量见表 2-16，其变化趋势见图 2-29。由表 2-16、图 2-28、图 2-29 可知，PNC 组与 MNC 组 TNF-α 含量在 7d 差异显著（$P<0.05$），在其余时间点差异均不

显著（$P \geqslant 0.05$）；除 5d、7d 外，在其余时间点 PNC 组的 TNF-α 平均含量均比 MNC 组高。从图 2-29 可知，0～3d，两组的 TNF-α 平均含量均上升，但 3～15d 这一时间段内，两组变化呈完全相反趋势：其中 PNC 组 TNF-α 平均含量 3～5d 迅速下降，5～7d 缓步下降，7～15d 迅速上升；MNC 组在 3～5d 迅速上升，5～7d 缓步上升，7～15d 迅速下降。

表 2-16 各时间点 TNF-α 平均含量统计

（单位：ng/L）

组别	0d	3d	5d	7d	15d
PNC	276.58^a±32.67	285.34^a±57.45	242.78^a±51.68	239.20^a±31.66	289.78^a±37.86
MNC	243.89^a±35.64	256.97^a±45.24	282.75^a±39.30	291.38^b±40.37	267.58^a±37.96

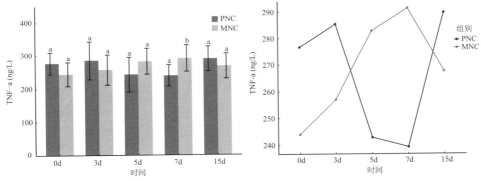

图 2-28 PNC 组和 MNC 组在各个时间点 TNF-α 平均含量

图 2-29 PNC 组和 MNC 组 TNF-α 平均含量随时间的变化趋势

8. 新生犊牛后肠道菌群与免疫指标共现相关网络分析

分别选取 PNC 组、MNC 组后肠道中相对丰度大于 0.1% 的菌属，利用 Spearman 方法在各个时间点与对应的 IL-1β、IL-2、IL-6、IgA、IgG、IgM 和 TNF-α 含量进行共现相关网络分析。筛选标准为相关系数大于等于 0.7（$r \geqslant 0.7$）且显著性水平小于 0.05（$P < 0.05$），且只保留菌群与上述指标间的关联，得出 PNC、MNC 组后肠道中相关菌属在各个时间点与上述指标的共现相关网络。（图 2-30、图 2-31）。

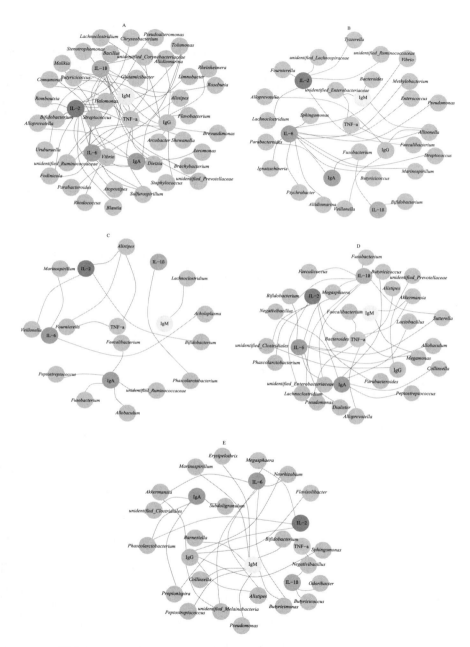

图 2-30 PNC 组后肠道菌属与免疫指标在各时间点的共现相关网络
A~E：0d、3d、5d、7d、15d；红色线：正相关；蓝色线：负相关

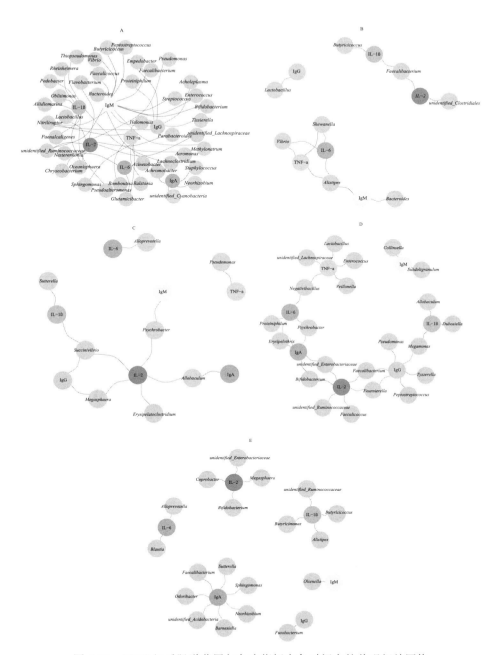

图 2-31 MNC 组后肠道菌属与免疫指标在各时间点的共现相关网络
A~E：0d、3d、5d、7d、15d；红色线：正相关；蓝色线：负相关

进一步分析各共现相关网络中与 7 个免疫指标分别相关的菌属数量见图 2-32。由图 2-30 至图 2-32 可知，在检测所有时间点内 PNC 组与 IL-6 关联的菌属均多于 MNC 组；与 TNF-α 相关联的菌属数量除 3d 时相同之外，其他时间点均为 PNC 组多于 MNC 组；与 IgA 和 IgM 相关联的菌属数量都是在 3 个时间点中 PNC 组多于 MNC 组，在 1 个时间点两组数量相同，在其余一个时间点 MNC 组多于 PNC 组；与 IgG 相关联的菌属数量在除 5d 和 7d 两个时间点外均为 PNC 组多于 MNC 组；与 IL-1β 相关联的菌属数量在 0d 和 7d 为 PNC 组多于 MNC 组，在 3d 和 5d 两组数量相同，在 15d 为 MNC 组多于 PNC 组；与 IL-2 相关联的菌属数量在 0d 和 3d 为 PNC 组多于 MNC 组，在 5~15d 为 MNC 组多于 PNC 组。

在 PNC、MNC 组与 IL-1β 均相关联的菌属为假交替单胞菌属（*Pseudoalteromonas*）和丁酸麻球菌属（*Butyricicoccus*）；与 IL-2 均相关联的菌属为金黄杆菌属（*Chryseobacterium*）、粪杆菌属（*Faecalibacterium*）和巨球型菌属（*Megasphaera*）；与 IL-6 均相关联的菌属为弧菌属（*Vibrio*）；与 IgA 均相关联的菌属为 *Allobaculum*；与 IgG 均相关联的菌属为 *Megasphaera* 和琥珀酸弧菌属（*Succinivibrio*）；与 IgM 均相关联的菌属为拟杆菌属（*Bacteroides*）；与 TNF-α 均相关联的菌属为盐单胞菌属（*Halomonas*）和 *Negativibacillus*。

9. 奶牛血液指标、犊牛免疫指标相关联菌属的确定

为探究哪些菌属同时存在于奶牛及其生产犊牛的后肠道中，既与奶牛血液指标关联又与犊牛免疫指标相关，选取在第一章第一节共现相关网络分析中确定的关联菌属，获取这部分菌属分别在犊牛后肠道中的丰度值，并将相对丰度<0.1% 的低丰度菌属剔除，将筛选后的优势菌属在每一时间点的丰度值分别与犊牛所检测免疫指标进行回归分析，筛选出回归结果显著相关（$P<0.05$）的菌属，筛选标准为相关系数大于等于 0.7（$r \geqslant 0.7$）。

在 PNC 组中，筛选出另枝菌属（*Alistipes*）与 IL-6 含量显著负相关，R^2 为 0.828 8（图 2-33A）；*Negativibacillus* 与 IgA 含量显著负相关，R^2 为

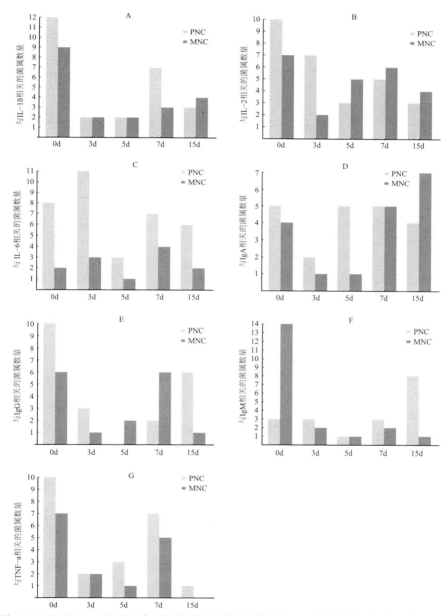

图 2-32 PNC 组、MNC 组各时间点的共现相关网络中与 7 个指标分别相关的菌属数量
A~G. 与 IL-1β、IL-2、IL-6、IgA、IgG、IgM 和 TNF-α 相关的菌属数量

0.828 7（图 2-33B）；假单胞菌属（*Pseudomonas*）和链球菌属（*Streptococcus*）与 IgM 含量显著负相关，巨单胞菌属（*Megamonas*）与 IgM 含量显著正相关，R^2 分别为 0.828 9、0.845 4 和 0.867 6（图 2-34）。

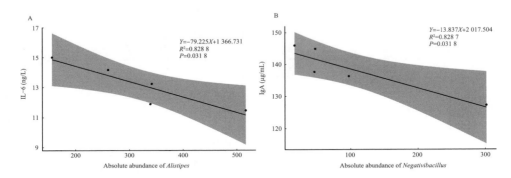

图 2-33　PNC 组中与 IL-6 和 IgA 含量显著相关的菌属
A、B. 与 IL-6、IgA 含量显著相关的菌属

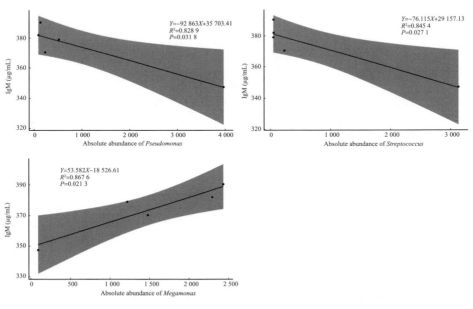

图 2-34　PNC 组中与 IgM 含量显著相关的菌属

在 MNC 组中筛选出嗜黏蛋白菌属（Akkermansia）与 IL-1β 含量显著正相关，R^2 为 0.872 5（图 2-35A）；Alistipes 与 IgG 含量显著负相关，R^2 高达 0.917 6（图 2-35B）；双歧杆菌属（Bifidobacterium）、考拉杆菌属（Phascolarctobacterium）、Allobaculum、Faecalibacterium、和 unidentified_Ruminococcaceae 与 IL-2 显著正相关，R^2 分别为 0.984 5、0.976 9、0.943 9、0.853 1 和 0.984 5（图 2-36）；unidentified_Ruminococcaceae、Bifidobacterium、Phascolarctobacterium、Allobaculum 和 Megamonas 与 TNF-α 含量显著正相关，R^2 分别为 0.898、0.883 1、0.803 9、0.803 3 和 0.802 5。可知 unidentified_Ruminococcaceae、Bifidobacterium、Phascolarctobacterium 和 Allobaculum 是在 MNC 组中同时与 IL-2 和 TNF-α 含量显著正相关的菌属；Alistipes 在 PNC 组中与 IL-6 含量显著相关，在 MNC 组中与 IgG 含量显著相关；Megamonas 在 PNC 组中与 IgM 含量显著正相关，在 MNC 组中与 TNF-α 含量显著正相关。

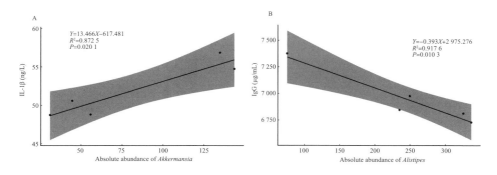

图 2-35　MNC 组中与 IL-1β 和 IgG 含量显著相关的菌属
A、B. 与 IL-1β、IgG 含量显著相关的菌属

（三）讨论

奶牛肠道菌群的相互作用主要发生在肠黏膜表面，此处存在促进细菌定植的生态位，对致病微生物识别和应答的机制也在此处得到了完善。肠道中益生

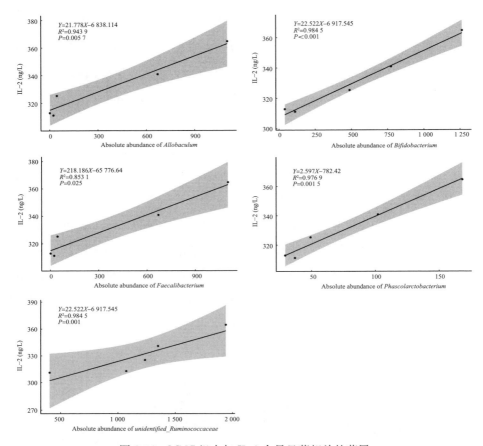

图 2-36　MNC 组中与 IL-2 含量显著相关的菌属

菌的功能与增强免疫屏障、调节免疫反应、刺激健康微生物群的建立，以及抑制病原体在肠道的定植有关。目前基于测序的研究表明，断奶之前犊牛肠道菌群的发育和定植是一个动态过程，犊牛的营养状态、肠道和免疫系统功能的完善程度、肠道 pH 和菌群构成等因素，是肠道内定植不同细菌及犊牛肠黏膜和消化的相关菌群间存在差异的主要原因。此外，肠道黏膜表面的共生细菌会刺激宿主先天免疫系统的发育，包括紧密连接（TJs）、免疫球蛋白（IgA）和分泌抗菌肽等。肠道细菌还可影响抗原呈递细胞（如树突细胞、巨噬细胞）、B 细胞和 T 细胞，以及调节性 T 细胞（Treg）的激活，巨噬细胞可通过分泌 IL-1、

TNF-α 等细胞因子参与免疫系统的启动与调节，而 IL-1 的两种形式 IL-1α 和 IL-1β 都是巨噬细胞向 T 细胞进行抗原递呈后的第二激活信号，IL-1 的过量分泌可刺激各种炎症性细胞产生 TNF-α、IL-6 及 IL-8 等多种细胞因子，从而介导炎性反应和细胞损伤。因此，明确了解菌群与不同免疫指标之间的关联作用对于深入理解疾病发展至关重要。

  本研究利用 Spearman 相关分析，建立了 PNC 组和 MNC 组后肠道优势菌属（相对丰度＞0.1%）与 IL-1β、IL-2、IL-6、IgA、IgG、IgM 和 TNF-α 含量的共现相关网络，在每个时间点筛选出了与每个指标具有显著关联（相关系数 $r \geqslant 0.6$，显著性水平 $P < 0.05$）的菌属。两组中均与 IL-1β 相关联的菌属为 *Pseudoalteromonas* 和 *Butyricicoccus*，*Pseudoalteromonas* 可诱导低细胞因子产生，适度上调表面标记物 CD40 和 CD86，其两种菌株 *Ps. luteoviolacea* 和 *Ps. ruthenica* 均可抑制大肠杆菌（*E. coli*）脂多糖诱导的 IL-12 和增加 IL-10 的产生；Zhuang 等的研究发现，与对照组相比，补充白藜芦醇（RSV）的小鼠降低了与炎症细胞因子（IL-6 和 IL-1β）相关基因的 mRNA 表达，但增加了与宿主防御肽和产 SCFA（丙酸、异丁酸、丁酸和异戊酸等）相关基因的 mRNA 表达，与此同时，补充 RSV 小鼠肠道中 *Butyricicoccus* 的丰度增加。与 IL-2 相关联的菌属为 *Chryseobacterium*、*Faecalibacterium* 和 *Megasphaera*，*Chryseobacterium* 是一种革兰氏阴性杆菌，与免疫状态改变有关，Zhang 等在对饲喂益生菌鼠李糖杆菌（LGG）的断奶仔猪接种肠道沙门氏菌血清后发现，仔猪血液中 $CD3^-CD19^-T\text{-}bet^+IFN\gamma^+$ 和 $CD3^-CD19^-T\text{-}bet^+IFN\gamma^+$ 细胞亚群扩增，同时 *Chryseobacterium* 的丰度也增加。与 IL-6 相关联的菌属为 *Vibrio*，IL-6 是一种多效细胞因子，Zhu（2016）等发现 LPS 和 *Vibrio parahaemolyticus* 刺激了 IL-6 同系物——LcIL-6 在大黄鱼脾脏、头肾和肝脏中的表达水平，Tian 等从驼头鲷中鉴定并表征出 IL-6 同系物 Ls-IL6，且发现驼头鲷感染 *Vibrio harveyi* 后 Ls-IL6 的转录水平显著上调。与 IgA 相关联的菌属为 *Allobaculum*，*Allobaculum* 是丁酸产生菌，Zhang 等在对大鼠口服大蒜素 14d 后，发

现大鼠盲肠中只有 *Allobaculum* 的丰度发生了显著性改变，这种改变会导致与产生 IgA 的肠道免疫网络相关的几个基因的结肠上皮表达发生变化，从而影响健康个体的免疫系统。与 IgG 相关联的菌属为 *Megasphaera* 和 *Succinivibrio*，*Megasphaera* 被报道为免疫介导的预防腹泻机制的潜在生物标志物，且与猪体内 IgA 含量呈正相关；Jasinska 等在分析感染猴免疫缺陷病毒（SIV）的疣猴肠道菌群多样性及免疫水平时发现，*Succinivibrio* 与 IL-10 含量呈负相关，且在 SIV 感染的疣猴肠道菌群中 *Succinivibrio* 的丰度减少，这与在猪线虫感染中观察到的变化相同（可抑制促炎症反应），这些发现表明 SIV 感染中 *Succinivibrio* 丰度的降低有助于维持黏膜屏障，在肠道炎症中发挥了保护作用。与 IgM 相关联的菌属为 *Bacteroides*，Xu 等的研究表明对右旋糖酐硫酸钠（DSS）诱导的患有结肠炎的小鼠口服二肽丙氨酰谷氨酰胺（Ala-Gln）或谷氨酰胺（Gln）后，IL-1β、IL-6、TNF-α 的含量显著降低，而 IgA、IgG 和 IgM 的含量显著升高，同时小鼠结肠中 *Bacteroides* 的丰度增加。与 TNF-α 相关联的菌属为 *Halomonas* 和 *Negativibacillus*，Wang 等从 *Halomonas* sp. 2E1 中分离出一种胞外多糖（EPS2E1），其可通过激活 RAW264 上的 MAPK 和 NF-κB 通路，显著增加 NO、COX-2、TNF-α、IL-1β 和 IL-6 的含量，显示出可成为免疫增强剂的潜力；早些年 Armando 等从 *Halomonas magadiensis* LPS 中发现一种新的类脂 A，可显著抑制由大肠杆菌 LPS 激活的人单核细胞合成 TNF-α；Larzábal 等在研究犊牛感染肠出血性大肠杆菌（EHEC）O157：H7 后的发病机制时发现，与对照组相比，感染了 EHEC O157：H7 的犊牛的牛 β 防御素、回肠中的气管抗菌肽（TAP）和直肠肛门连接处的舌抗菌肽（LAP）的转录表达存在差异，同时伴随着 *Negativibacillus* 丰度的改变。

分析哪些菌属既存在于奶牛后肠道中与血液指标关联，又存在于犊牛后肠道中与免疫指标关联时，在 PNC 组中筛选出 *Alistipes* 与 IL-6 含量显著负相关，*Negativibacillus* 与 IgA 含量显著负相关，*Pseudomonas*、*Streptococcus*

与 IgM 含量显著负相关，*Megamonas* 与 IgM 含量显著正相关；在 MNC 组中筛选出 *Akkermansia* 与 IL-1β 含量显著正相关，*Alistipes* 与 IgG 含量显著负相关，*Bifidobacterium*、*Phascolarctobacterium*、*Allobaculum*、*Faecalibacterium*、和 *unidentified_Ruminococcaceae* 与 IL-2 显著正相关，*unidentified_Ruminococcaceae*、*Bifidobacterium*、*Phascolarctobacterium*、*Allobaculum* 和 *Megamonas* 与 TNF-α 含量显著正相关。Wu 等对高脂饮食的小鼠饲喂小檗碱 BBR，研究 BBR 对动脉粥样硬化和肠道菌群的影响时发现，添加高剂量 BBR 的小鼠 TNF-α、IL-1β、IL-6 降低，同时小鼠肠道中 *Alistipes*、*Allobaculum* 等菌属的丰度增加，这些菌群与 SCFA 产生糖脂代谢有关，具有良好的抗炎作用；Wu 等在研究接收根皮素治疗的患溃疡性结肠炎（UC）小鼠的肠道菌群多样性时也表明，*Alistipes* 的丰度与病理评分、TNF-α、IL-6 和 IL-1β 水平呈负相关，Li 等在评估专用肠内营养（EEN）在治疗结肠炎中的作用时发现，与对照组相比喂养 EEN 的小鼠 IgA 和 IgG 水平降低，且小鼠肠道菌群组成发生了显著变化，其特征是 *Alistipes*、*Bacteroides*、*Parabacteroides* 等有益细菌增加，但有害细菌如大肠杆菌志贺氏菌（*Escherichia-Shigella*）减少。Ramayo 等对 389 头 70K SNP 基因型猪的 21 个免疫特性和肠道菌群的相对丰度进行了网络、混合模型和微生物广泛关联研究（MWAS），表明 *Streptococcus* 与吞噬淋巴细胞百分比相关，在猪肠道菌群与 15 个分析性状之间的关联互作网络中，*Streptococcus* 和吞噬淋巴细胞百分比分别是关键的细菌和关键的免疫特性。Lv 等在研究 2 型糖尿病（T2DM）患者肠道菌群和细胞炎症相互网络时发现，T2DM 患者血液中 IL-2、IL-6、TNF-α、IFN-γ 和 IL-17 的表达水平显著上调，肠道中 *Megamonas* 的丰度显著增加，*Bacteroides_stercoris*、*Bacteroides_uniformis* 和 *Phascolarctobacterium_faecium* 的丰度显著降低。为研究饮食与肠道炎症之间的关系，Wong 等对小鼠分别饲喂高脂肪饮食和高果糖饮食，研究结果表明，与对照组相比，试验组小鼠的血清 IL-1β、IL-6 和 IgG 水平显著升高，且试验组小鼠的肠道菌群构成也发生了显著变化，包括

Bacteroides、*Akkermansia* 等菌属的丰度增加，这种现象的产生可能与炎症有关。Zhu 等以乳腺癌小鼠为研究对象，研究人参皂苷与环磷酰胺（CTX）联合治疗的抗肿瘤作用及其可能机制时得出人参皂苷促进了 CTX 对小鼠的治疗作用，表现为 INF-γ、IL-17、IL-2 和 IL-6 的增加，同时 CTX 也促进了 *Akkermansia*、*Bifidobacterium* 等肠道益生菌属丰度的增加。在研究 2-羟基-4-甲基硒代丁酸（HMSeBA）对母猪抗氧化性能、免疫功能和肠道菌群构成的影响时，Li 等发现日粮中添加 HMSeBA 可使母猪血清中 IL-2 和 IgG 含量显著增加，同时母猪肠道中 *Phasocolarctobacterium* 菌属的丰度也显著增加。总结可知 *Allobaculum*、*Bifidobacterium*、*Phascolarctobacterium*、*unidentified_Ruminococcaceae* 是 MNC 组中同时与 IL-2 和 TNF-α 含量显著正相关的菌属；*Alistipes*、*Megamonas* 在 PNC 组和 MNC 组中均出现，*Alistipes* 在 PNC 组中与 IL-6 含量显著负相关，在 MNC 组中与 IgG 含量显著负相关；*Megamonas* 在 PNC 组中与 IgM 含量显著正相关，在 MNC 组中与 TNF-α 含量显著正相关。

四、新生犊牛后肠道菌群 GLV 生态模型的建立

（一）运行环境的搭建

在 Linux 系统下利用 Conda 创建独立的虚拟环境，安装 MDSINE 软件，并搭配 Python 3.7，在 Python3.7 中安装 biopython、Numpy60、Scipy61、ete3、pandas、matplotlib、numba、sklearn、seaborn、psutil、h5py、networkx 等软件包。

（二）GLV 生态模型的构建

建立扩展广义 Lotka-Volterra 方程（GLV），对于 S 个个体中测量到的 L

种 OTU，在 GLV 模型中第 s 个个体中第 l 种 OTU 的丰度变化率表示如下：

$$\frac{df_{ls}}{dt} = \alpha_l f_{ls}(t) + \sum_{j=1}^{L} \beta_{lj} f_{ls}(t) f_{js}(t) + \sum_{p=1}^{P} \gamma_{lp} f_{ls}(t) u_p(t)$$

(2-1)

其中，α 表示无界限增长率，β 表示微生物-微生物两两间相互作用系数，γ 表示 P 个扰动效应（可缺失）。函数 $u_p(t)$ 取值为 0 或 1，表示在时刻 t，扰动是否出现。假定正的增长率和负的自限增长率，$i.e.$，$\alpha > 0$，$\beta_{ll} < 0$。

对方程组（2-1）所建立 GLV 模型，方程组的"梯度匹配"系统表示如下：

$$\frac{df_{ls}}{dt} \approx \widehat{f'_{lst}} \approx \alpha_l \widehat{f_{lst}} + \sum_{j=1}^{L} \widehat{f_{lst}} + \sum_{p=1}^{P} \gamma_{lp} \widehat{f_{lst}} u_p(t)$$

其中，$\widehat{f_{lst}}$ 表示第 s 个个体中第 l 种 OTU 在时刻 t 时的估算丰度值，$\widehat{f'_{lst}}$ 表示对应的梯度估算。

利用离散化近似方法估算 OTU 浓度的梯度，方程组（2-1）可转化为：

$$\frac{d}{dt} \ln[f_{ls}(t)] = \alpha_l + \sum_{j=1}^{L} \beta_{lj} f_{js}(t) + \sum_{p=1}^{P} \gamma_{lp} u_p(t) \quad (2\text{-}2)$$

为了估算在 N 个离散的时间点的 $\widehat{f_{lst}}$ 值，(2-2) 中关于时间的导数可用前向差商来近似：

$$\frac{d}{dt} \ln[f_{ls}(t)]\Big|_{t=t_k} \cong \frac{\widehat{f'_{lst_k}}}{\widehat{f_{lst_k}}} = \frac{\ln(\widehat{f_{lst_{k+1}}}) - \ln(\widehat{f_{lst_k}})}{t_{k+1} - t_k}$$

利用此近似，GLV 方程组（2-1）的"梯度匹配"可表示为：

$$\frac{\widehat{f'_{lst_k}}}{\widehat{f_{lst_k}}} = \frac{\ln(\widehat{f_{lst_{k+1}}}) - \ln(\widehat{f_{lst_k}})}{t_{k+1} - t_k} \approx \alpha_l + \sum_{j=1}^{L} \beta_{lj} \hat{f}_{jst_k} + \sum_{p=1}^{P} \gamma_{lp} u_p(t_k)$$

分别取本研究中 PNC 组、MNC 后肠道菌群测序所得绝对丰度在前 200 的 OTU 按照（2-1）所定义构建 GLV 模型，假设计数数据遵循负二项分布（NBD）：

$$f_{lst} \sim NBD[g_{ls}(t), \varepsilon_{ls}(t)]$$

这里 $g_{ls}(t)$ 是第 s 个个体中第 l 个 OTU 的 NBD 平均值的连续时间轨迹函数，$\varepsilon_{ls}(t)$ 表示 NBD 的时变二项参数。

对于离散参数的建模，离散参数与给定基因的计数成反比，计数由总计数加上偏移项来衡量，因此构建二项参数模型为：

$$\varepsilon_{ls}(t) = \frac{a_0}{g_{ls}(t)/e^{\eta_{lt}}} + a_1$$

初产组和经产组 OTU 的负二项式参数模型拟合见图 2-37。

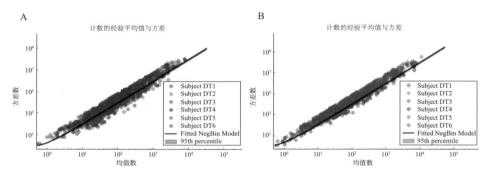

图 2-37　PNT 组、MNC 组 OTU 的负二项式参数拟合
A. PNC 组；B. MNC 组

对 $g_{ls}(t)$ 建模，第 s 个个体中第 l 个 OTU 的 NBD 平均值的连续时间轨迹函数如下：

$$g_{ls}(t) = e^{\mu_{ls}(t) + \eta_{st} - \kappa_{st} + \upsilon_{ls}}$$

这里 η_{st} 是试验总计数的比例因子，κ_{st} 是细菌生物量的比例因子，υ_{ls} 是 OTU 和特定主题的比例因子。

利用三次 B 样条为 $\mu_{ls}(t)$ 建模：

$$\mu_{ls}(t) = \sum_{k=1}^{K} B_k(t) \phi_{lsk}$$

这里 $B_k(t)$ 表示 K 个 B 样条基函数（逐片多项式），ϕ_{lsk} 表示轨迹的 OTU 和特定于主题的样条曲线系数。

由对 $g_{ls}(t)$ 建模结果可得出，初产、经产犊牛粪便菌群中各 OTU 的平均增长率，见图 2-38、图 2-39（每组只对前 8 个 OTU 绘图）。

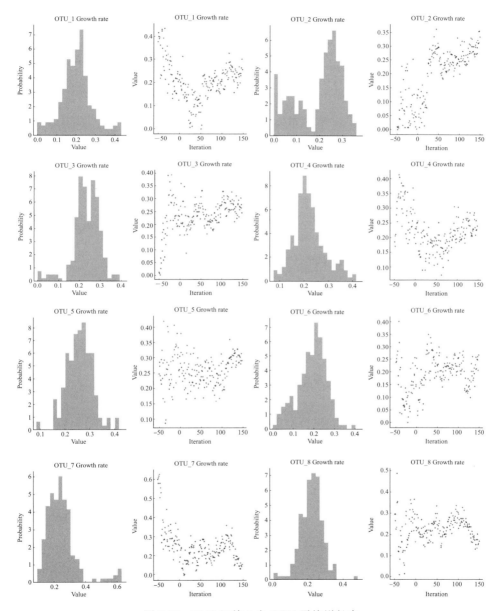

图 2-38　PNC 组前 8 个 OTU 平均增长率

（Growth rate：增长率；Probability：概率；Value：值；Iteration：迭代，下同）

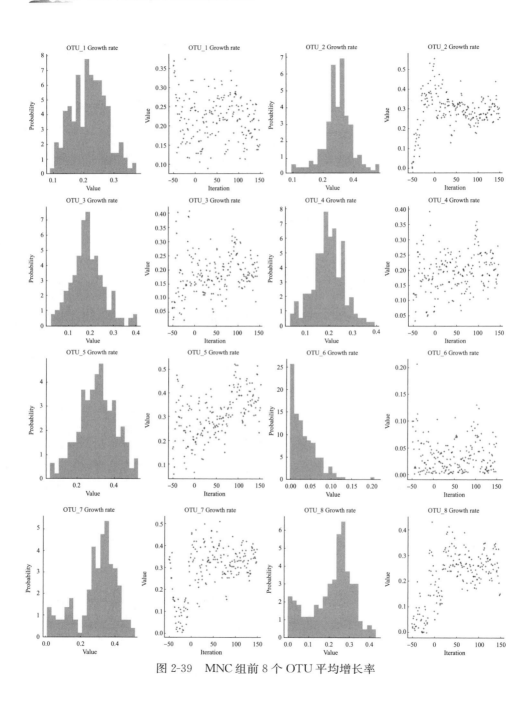

图 2-39　MNC 组前 8 个 OTU 平均增长率

（三）OTU 相互作用模块的确定

下一步，直接模拟 OTU 相互作用，学习 OTU 上的定性相互作用网络和定量相互作用。建立回归模型：

$$\hat{f}'_{lst} \sim \text{Normal}[\alpha_l \hat{f}_{lst} + \beta_{ll}\hat{f}_{lst}^2 + \sum_{j \neq l} z_{lj}\beta_{lj}\hat{f}_{lst}\hat{f}_{jst} + \sum_{i=1}^{P} q_{li}\gamma_{li}\hat{f}_{lst}u_i(t),\ \sigma_l^2]$$

假定 OTU 特定方差 σ_l^2 具有非适当的先验密度 $1/\sigma_l^2$。变量 z_{lj} 和 q_{li} 分别选择交互和扰动效应边的二元指标。假设 z 和 q 分别服从参数为 π_z 和 π_q 的 Bernoulli 分布：

$$z_{lj} \sim \text{Bernoulli}(\pi_z),$$
$$q_{li} \sim \text{Bernoulli}(\pi_q).$$

将 Beta 先验放入 Bernoulli 参数分布中：

$$\pi_z \sim \text{Beta}(b_{z1},\ b_{z2}),$$
$$\pi_q \sim \text{Beta}(b_{q1},\ b_{q2}).$$

假设相互作用系数 $\beta_{lj}(l \neq j)$ 和扰动效应系数 γ 的正态先验：

$$\beta_{lj} \sim \text{Normal}(0,\ \rho_{interact}^2),$$
$$\gamma_{li} \sim \text{Normal}(0,\ \rho_{perturb}^2).$$

假设生长和自相互作用参数的截断正态先验：

$$\alpha_l \sim \text{Normal}_{(+)}(\bar{\alpha},\ \rho_{growth}^2),$$
$$\beta_{ll} \sim \text{Normal}_{(-)}(\bar{\beta},\ \rho_{self}^2).$$

最后，对生长和自相互作用的均值参数 α，β 设置正态先验，对方差参数 $\rho_{interact}^2$，$\rho_{perturb}^2$，ρ_{growth}^2 和 ρ_{self}^2 设置逆 Gamma 先验。使用一个定制的蒙特卡洛（MCMC）算法，对所有变量进行 Gibbs 抽样更新。选择指标 z_{lj} 和 q_{li} 使用有效的折叠 Gibbs 更新进行抽样，对于给定的第 l 个和第 i 个 OTU 间的相互作用，从 j 个 MCMC 样本中计算贝叶斯因子（Bayes 因子）如下：

$$\frac{P(z_{li}=1|\hat{F},\hat{F}')P(z_{li}=0)}{P(z_{li}=0|\hat{F},\hat{F}')P(z_{li}=1)} = \frac{\sum_j I(z_{li}^{(j)}=1)/J \int_{\pi_z} P(z_{li}=0|\pi_z)}{\sum_j I(z_{li}^{(j)}=0)/J \int_{\pi_z} P(z_{li}=1|\pi_z)}$$

$$= \frac{\sum_j I(z_{li}^{(j)} = 1) \cdot (b_{z1} + 1)}{\sum_j I(z_{li}^{(j)} = 0) \cdot (b_{z2} + 1)}$$

这里 $I(\cdot)$ 是指示函数，$z_{li}^{(j)}$ 表示 z_{li} 在 MCMC 第 j 个样本中的设置。类似地，对第 l 个 OTU 的第 p 个扰动效应，贝叶斯因子为：

$$\frac{\sum_j I(q_{lp}^{(j)} = 1) \cdot (b_{q1} + 1)}{\sum_j I(q_{lp}^{(j)} = 0) \cdot (b_{q2} + 1)}$$

根据 Bayes 因子的 Jeffreys 量表，选择 Bayes 因子＞10 的相互作用为有效作用，以此推断微生物-微生物相互作用中的后验分布，并绘制初产、经产组犊牛粪便微生物中 OTU 相互作用热图，见图 2-40、图 2-41。

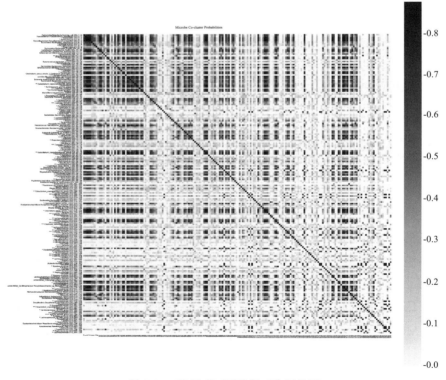

图 2-40　PNC 组 OTU 相互作用热图

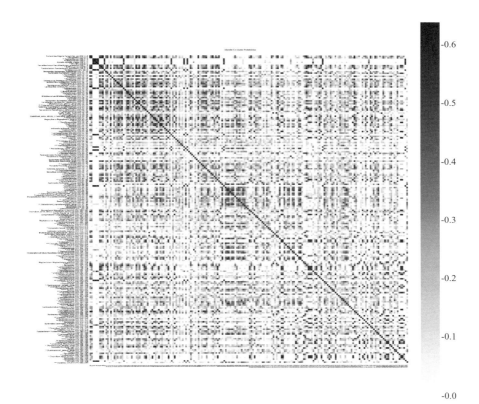

图 2-41　MNC 组 OTU 相互作用热图

为定量评估两组犊牛肠道微生物系统中交互模块的相对重要性，进行了模块关键性分析，利用类似 Medvedovic 等提出的聚类方法按 OTU 数量进行聚类，重建有强反应的时间序列（贝叶斯因子＞10），利用 OTU 共聚类频率在每个时间序列之间形成亲和矩阵，以创建一组一致的 OTU 群，得出 PNC 组 OTU 聚类模块为 20 个、MNC 组 OTU 聚类模块为 16 个，模块聚类热图见图 2-42、图 2-43。

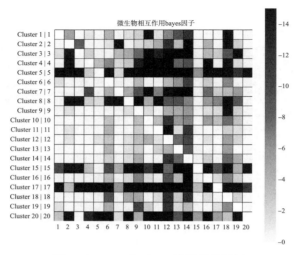

图 2-42 PNC 组 OTU 聚类模块热图

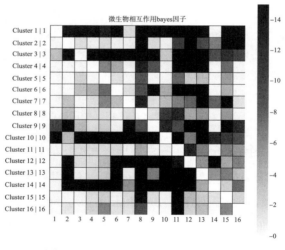

图 2-43 MNC 组 OTU 聚类模块热图

（四）讨论

目前已有大量研究从各个方面分析了在对宿主进行各种干预措施时，肠道菌群与宿主代谢功能、免疫功能及某些疾病的检测指标存在的关联，这些研究绝大多数都是横截面的,然而菌群天生是动态的,可随着时间的推移因内部相互作用以及对外部扰动的反应而发生变化。微生物动力学模型可利用数学理论分析及计算研究微生物间相互作用的稳定性、相互作用网络特征及对各种扰动条件下微生物群的变化趋势进行拟合和预测。

本研究应用GLV模型分别拟合初产、经产组母牛新生产犊牛肠道菌群定植规律,基于动态生态系统中的共享交互结构自动学习OTU的分组,以OTU聚类模块的形式分析两组犊牛肠道菌群,对于PNC组产生20个聚类模块,对于MNC组产生16个聚类模块,从附表1、附表2中可知两组的模块构成具有很大差别。按对时序变化菌群间相互反应强弱排序,*Marinifilum*、拟杆菌属(*Bacteroides*)、*Barnesiella*、蓝绿藻菌属(*Lachnoclostridium*)组成了PNC组中排在第一位的模块,有关*Marinifilum*的报道较少,Aromokeye等的研究表明其是海洋中大型藻类和乳酸等发酵产物的潜在发酵剂,此外,Nogal等在对以人群为基础的大队列中研究循环醋酸盐水平与肠道微生物多样性时发现血清醋酸盐与*Barnesiella*呈正相关,与*Bacteroides*和*Lachnoclostridium*呈负相关。PNC组第二位模块中的OTU分属*Negativibacillus*、*Prevotellaceae_Ga6A1_group*、普雷沃氏菌属(*Prevotella*)和八叠球菌属(*Sarcina*)4种菌属,Jangi等的研究发现,与未经治疗的多发性硬化症患者相比,接受疾病改良治疗的患者肠道中*Prevotella*的丰度增加,*Sarcina*的丰度减少;Le等在纵向分析断奶后到育肥期间猪的粪便菌群演变特征时,按相似细菌的构成将猪粪便样本划分为不同的肠型,在52日龄时鉴定出其中一种肠型由*Prevotella-Sarcina*所控制。Emami在肉鸡饲料中添加益生菌微生态制剂时发现,添加8d后该组降低了坏死性肠炎的病变评分,且另枝菌属(*Alistipes*)、ASF356、*Faecalibaculum*、*Lachnospiraceae_UCG_001*、*Muribaculum*、*Oscillibacter*、副拟杆菌属(*Parabacteroides*)、*Rikenellaceae_RC9_gut_group*、*Ruminococcaceae_UCG_014*和*Ruminiclostridium_9*的相对丰度较低,这组菌的构成和经产组中排序在第二位的模块中菌构成非常相似。可以看到在初产组中存在一个由 80 个 OTU 聚类而成的模块，共属于 36 种菌属，而在经产组中存在两个较大模块，一个含有 47 种 OTU 共属于 33 个菌属，另一个含有 46 种 OTU 共属于 17 个菌属。要注意的是我们是针对健康新生犊牛后肠道菌群变化构建了 GLV 模型，并未加任何外界扰动影响（如特殊的益生菌或者抗生素等），所以并未产生一些具有特殊特征的菌群聚类模块及 OTU 变化趋势。可在今后的研究工作中纳入更多的研究数据，例如宏基因组、代谢组及宿主免疫反应、环境效应及添加益生菌、抗生素等扰动效应后用 GLV 模型去量化捕捉微生物群的变化过程。

五、结论

（1）PNC 组、MNC 组后肠道菌群 Alpha 多样性的变化在 0～15d 这一时间段类似，在 21～60d 时 PNC 组 Alpha 多样性逐渐上升，MNC 组先增后降，且犊牛与奶牛后肠道菌群的 Alpha 多样性差异显著。

（2）两组犊牛后肠道中 Firmicutes、Bacteroidota 在各个时间点都是优势菌门且丰度稳定，但 Proteobacteria 丰度随时间变化呈现下降趋势。犊牛肠道中的一些优势菌门如 Spirochaetes、Verrucomicrobia、Cyanobacteria 均非本研究中两组奶牛后肠道中的优势菌门，说明犊牛肠道中部分菌群可从母体其他部位定植，还有些菌群（如 Fusobacteria）的定植来源还需进一步研究。

（3）与 PNC 组相比，MNC 组在各时间点的丰度与 0d 时丰度具有显著差异的优势菌属数量更多。*Bacterodies*、*Facalibacterium*、*Lachnospiraceae_UCG*-010 等一些生产 SCFA、丁酸盐及与高血脂、肥胖等指标相关的菌属为两组犊牛中共有优势菌属且在两组中变化特征类似；*Parabacteroides*、*Butyricicoccus*、*Collinsella* 等共有菌属在 MNC 组中在 4 个以上时间点的丰度与 0d 时丰度差异显著，而在 PNC 组中仅在少数几个时间点的丰度与 0d 时丰度差异显著；*Aliidiomarina*、*Bacillus*、*Marinospirillum*、*Dietzia* 在经产组 4 个以上时间点的丰度与 0d 时丰度差异显著，猜测其在 MNC 组中出现的原因与牧场所在地五大连池市特殊的火山地质地貌有关，但为什么只在 MNC 组中体现出这一现象还需进一步研究。

（4）PNC、MNC 组中均与 IL-1β 相关联的菌属为 *Butyricicoccus* 和 *Pseudoalteromonas*，均与 IL-2 相关联的菌属为 *Chryseobacterium*、*Faecalibacterium* 和 *Megasphaera*，均与 IL-6 相关联的菌属为 *Vibrio*，均与 IgA 相关联的菌属为 *Allobaculum*，均与 IgG 相关联的菌属为 *Megasphaera* 和 *Succinivibrio*，均与 IgM 相关联的菌属为 *Bacteroides*，均与 TNF-α 相关联的菌属为 *Halomonas* 和 *Negativibacillus*。

（5）本研究确定出既在奶牛后肠道中与 GLU、BHBA、NEFA 和 Ca 元素水平显著关联，又在犊牛后肠道内与免疫指标显著相关的菌属。在 PNC 组中筛选出 *Alistipes* 与 IL-6 含量显著负相关，*Negativibacillus* 与 IgA 含量显著负相关，*Pseudomonas*、*Streptococcus* 与 IgM 含量显著负相关，*Megamonas* 与 IgM 含量显著正相关。在 MNC 组中筛选出 *Akkermansia* 与 IL-1β 含量显著正相关，*Alistipes* 与 IgG 含量显著负相关，*Bifidobacterium*、*Phascolarctobacterium*、*Allobaculum*、*Faecalibacterium* 和 *unidentified_Ruminococcaceae* 与 IL-2 显著正相关，*unidentified_Ruminococcaceae*、*Bifidobacterium*、*Phascolarctobacterium*、*Allobaculum* 和 *Megamonas* 与 TNF-α 含量显著正相关。

（6）GLV 模型可拟合新生犊牛后肠道中各 OTU 的平均增长率，以模块形式基于交互结构自动学习两组犊牛肠道菌群 OTU 的分组，将分类学和系统发育上完全不同但具有共同功能的菌群聚类。可在今后纳入更多扰动效应（如环境效应，添加益生菌、抗生素等），用 GLV 模型去量化捕捉菌群的变化过程。

第三节　新生犊牛口腔菌群多样性时序特征

一、新生犊牛口腔菌群多样性的研究意义

口腔是消化道的开端，可以与外界联通。外界微生物会随着每次嘴巴的开闭进入到口腔，之后便通过消化系统进入到肠道并进行定植。哺乳动物的口腔是微生物生态学的天然实验室。口腔菌群不仅影响宿主口腔的健康，还会影响宿主全身的健康。然后，往往低估了口腔菌群在哺乳动物生理功能中起到的作用。越来越多的研究表明，口腔微生物群在许多口腔和全身疾病的发病机制中发挥着至关重要的作用。

口腔中的菌群其丰度仅次于肠道，可以通过肠道被传递到宿主体内的不同部位。虽然口腔菌群在肠道中的定植途径尚未明确，但是目前主要集中消化道途径这一假说上。唾液中含有大量的细菌，哺乳动物每天都会通过多次吞咽唾液将菌群传递到肠道进行定植。然而，由于胃肠道的屏障功能，只有较少的唾液菌群能够被传递和定植在肠道菌群中，肠道菌群的定植抗性也被认为是防止口腔菌群定植的主要障碍。换言之，健康肠道菌群的破坏会增加肠道内口腔菌群定植的可能性。例如，用于治疗细菌感染的抗生素（如万古霉素）会扰乱肠道菌群构成，并为口腔菌群在肠道内定植和繁殖产生有利条件。肠道微生物区系失衡是非特异性肠道炎症性疾病发病的一个重要因素，患有非特异性肠道炎症性疾病的病人唾液中存在克雷伯氏菌，该菌可诱导 Th1 细胞对氨苄青霉素等抗生素具有耐药性，因此，通过氨苄青霉素治疗可促进克雷伯氏菌在

肠道中的定植，并导致致病性 Th1 细胞在肠道内扩张，抗生素用量不足会增加口腔致病菌引起肠道病变的风险。胃酸也是口腔菌群能在肠道中定植的阻碍之一。由于大多数的口腔菌群对胃酸敏感高，所以经过胃酸时会导致大量的口腔菌死亡。在患有胃炎和胃手术的病人中发现，口腔菌群在通过胃液较少的患者肠道内时，会在肠道内定植较多的口腔菌。但是，也有某些特殊菌耐受胃酸的环境，可通过胃部沿着消化道最终定植在肠道中。综上所述，口腔微生物可以通过某种内源途径到肠道中进行定植，并影响肠道微生物的群落结构。此外，口腔菌群也被称为宿主局部和系统健康的潜在生物标志物，一旦最初的定植可以随着时间的推移而持续，其在生命早期对促进宿主健康至关重要。

二、新生犊牛口腔菌群多样性时序特征

（一）试验材料与方法

1. 实验动物与试验时间、地点

实验动物、试验时间试验地点与上节相同。

2. 样本采集

分别在犊牛出生后的 0d（出生当天）、3d、5d、7d、15d 用一次性采样拭子在犊牛口腔中采集唾液样本，犊牛出生当天在尚未饲喂初乳前采集唾液样本，其余时间点的唾液样本均在晨饲前进行采集。所有样品均放于无菌管中，分装编号后迅速投入液氮中保存备用。采样情况见表 2-17。

表 2-17　犊牛唾液样本的采集情况

项目	0d（CSA 组）	3d（CSB 组）	5d（CSC 组）	7d（CSD 组）	15d（CSE 组）
数量（个）	6	6	6	6	6

3. DNA 提取

吸取 1 000uL CTAB 裂解液至 2.0mL EP 管，加入 20μL 溶菌酶，将适量的样品加入裂解液中，65℃水浴（时间为 2h），期间颠倒混匀数次，以使样品充分裂解。离心取 950μL 上清液，加入与上清液等体积的酚（pH8.0）：氯仿：异戊醇（25：24：1），颠倒混匀，12 000r/min 离心 10min。取上清液，加入等体积的氯仿：异戊醇（24：1），颠倒混匀，12 000r/min 离心 10min。吸取上清液至 1.5mL 离心管里，加入上清液 3/4 体积的异丙醇，上下摇晃，－20℃沉淀。12 000r/min 离心 10min 倒出液体，用 1mL75％乙醇洗涤 2 次，剩余的少量液体可再次离心收集，然后用枪头吸出。超净工作台吹干或者室温晾干，加入 51μL ddH$_2$O 溶解 DNA 样品，加 RNase A 1μL 消化 RNA，37℃放置 15min。之后利用琼脂糖凝胶电泳检测 DNA 的纯度和浓度，取适量的样品于离心管中，使用无菌水稀释样品至 1ng/μL。

4. PCR 扩增

以稀释后的基因组 DNA 为模板，使用带 Barcode 的特异引物 515F-806R，使用 New England Biolabs 公司的 Phusion® High-Fidelity PCR Master Mix with GC Buffer 作为酶和缓冲液进行 PCR，98℃预变性 1min，PCR 产物利用 2％浓度的琼脂糖凝胶进行电泳检测。

5. PCR 产物的混样与纯化

根据 PCR 产物浓度进行等浓度混样，充分混匀后使用 1×TAE 浓度 2％的琼脂糖胶电泳纯化 PCR 产物，选择主带大小在 400～450bp 之间的序列，割胶回收目标条带。产物纯化试剂盒采用 GeneJET 胶回收试剂盒（Thermo Scientific 公司）。

6. 文库构建与上机测序

使用 Illumina 公司 TruSeq DNA PCR-Free Library Preparation Kit 建库试剂盒进行文库的构建，构建好的文库经过 Qubit 定量和文库检测，合格后，使用 NovaSeq 6000 进行上机测序。

7. 序列分析

根据 Barcode 序列和 PCR 扩增引物序列从下机数据中拆分出各样本数据，截去 Barcode 和引物序列后使用 FLASH 对每个样本的 reads 进行拼接、过滤，参照 QIIME（V1.9.1）的质量控制流程对过滤后的 Tags 进行截取、过滤和去除嵌合体处理，再与物种注释数据库进行比对检测嵌合体序列，并去除其中嵌合体序列，得到最终有效数据。

利用 Uparse 软件（V7.0.1001）对所有样本进行聚类，默认以 97% 的一致性将序列聚类成为 OTUs，选取其中出现频数最高的序列作为 OTUs 代表性序列。利用 Mothur 方法与 SILVA132 的 SSUrRNA 数据库进行物种注释，MUSCLE（V3.8.31）软件进行快速多序列比对，最后以样本中数据量最少的为标准进行均一化处理。

8. 统计分析

通过 R 软件（V4.0.3）对 PTC 组和 MTC 组奶牛后肠道菌群测序数据进行统计显著性分析。两组奶牛后肠道菌群 Alpha 多样性的时序差异均利用 Tukey HSD 检验评估，置信水平为 0.05。两组奶牛后肠道菌群的结构差异均利用 Bray Curtis 距离进行主坐标分析和置换多元方差分析（PERMANOVA）评估，置信水平为 0.05。两组奶牛后肠道菌群丰度的时序差异均利用 Wilcoxon 检验评估，奶牛组置信水平为 0.05。

（二）结果与分析

1. 新生犊牛口腔菌群 Alpha 多样性的时序分析

不同时间点的唾液样本分别产生了 611 617（CSA 组）、616 552（CSB 组）、623 777（CSC 组）、635 710（CSD 组）和 623 986（CSE 组）条原始序列，之后拼接、过滤，得到有效数据，然后将有效数据以 97% 的一致性进行 OTU 聚类和物种分类分析。图 2-44 中的稀释曲线趋于平稳，表明本试验的测序数据量合理。基于 OTU 的韦恩图（Venn 图）（图 2-45）表明不同时间点的

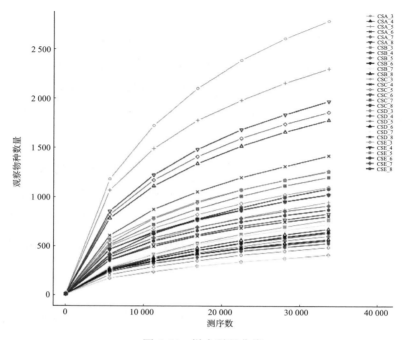

图 2-44　样本稀释曲线

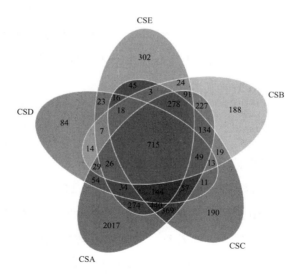

图 2-45　韦恩图

犊牛唾液菌群共有 OTU 为 715 个，犊牛出生当天（0d）、3d、5d、7d、15d 的唾液菌群独有 OTU 数分别为 2 017 个、188 个、190 个、84 个、302 个。

新生犊牛在不同时间点的口腔菌群 Alpha 多样性指数见表 2-18。Shannon、Chao 1 和 PD_whole_tree 指数在 0d 时的值均高于其他时间点的值，这表明在出生当天犊牛口腔菌群的微生物多样性、丰富度和系统发育多样性均高于其他时间点的对应值，但 goods_coverage 指数在 0d 时的值均小于其他时间点的值，这表明在 3d、5d、7d、15d 时间点的口腔菌群（CSB 组、CSC 组、CSD 组、CSE 组）的测序覆盖度均高于 0d 时的测序覆盖度。对不同时间点口腔菌群的 Alpha 多样性指数进行 Wilcox 秩和检验，得出 0d 时口腔菌群与其他时间点的口腔菌群微生物多样性和丰富度均有显著差异（$P<0.05$），其中 0d 时的口腔菌群与 3d、7d 时口腔菌群微生物多样性均差异极显著（$P<0.01$）；0d 时的口腔菌群与 5d、7d 和 15d 时口腔菌群丰富度差异极显著（$P<0.01$）。

表 2-18 新生犊牛口腔菌群 Alpha 多样性指数

项目	Alpha 多样性指数			
	Shannon 指数	Chao 1 指数	goods_coverage 指数	PD_whole_tree 指数
CSA	7.685±0.747^{Aa}	2 775.975±559.849^{Aa}	0.978±0.004^{Aa}	183.625±86.545^{Aa}
CSB	3.938±0.589^{Cd}	1 029.574±95.445^{ABCbc}	0.991±0.001^{BCbc}	72.454±19.043^{BCbc}
CSC	5.287±0.710^{ABCbc}	1 475.532±284.601^{Bb}	0.988±0.002^{Bb}	88.806±12.927^{BCb}
CSD	4.297±0.425^{BCcd}	715.183±110.291^{Cc}	0.994±0.001^{Cc}	53.466±11.295^{Cc}
CSE	5.531±0.817^{ABb}	1 423.637±224.621^{BCb}	0.989±0.002^{BCb}	105.020±12.228^{Bb}

2. 新生犊牛口腔菌群 Beta 多样性的时序分析

利用 NMDS 分析来比较犊牛出生后不同时间点的口腔菌群结构差异。图 2-46 表明，0d 时的口腔菌群样本点和 15d 时口腔菌群样本点与其他时间点样本点的位置均不相同，这说明 0d、15d 时的口腔菌群具有独特的群落结构；5d、7d 时的样本点距离较近，这说明 5d 和 7d 时的口腔菌群群落结构相似；以上结果都说明了犊牛出生后口腔菌群群落结构发生了显著变化。

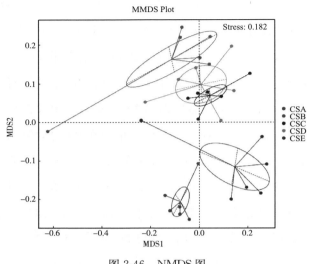

图 2-46　NMDS 图

3. 新生犊牛口腔菌群物种组成的时序分析

将本试验所得有效序列在门、纲、目、科、属水平上进行物种注释和统计。0d 时口腔菌群共鉴定 39 个门、99 个纲、223 个目、345 个科和 687 个属，3d 时口腔菌群共鉴定 30 个门、71 个纲、145 个目、232 个科和 429 个属，5d 时口腔菌群共鉴定 29 个门、59 个纲、132 个目、225 个科和 461 个属，7d 时口腔菌群共鉴定 21 个门、46 个纲、95 个目、156 个科和 297 个属，15d 时口腔菌群共鉴定 33 个门、67 个纲、142 个目、231 个科和 487 个属。

在门水平，0d、5d 和 15d 的优势菌门相同，为变形菌门（Proteobacteria）、厚壁菌门（Firmicutes）和拟杆菌门（Bacteroidota）；3d 和 7d 的优势菌门相同，为变形菌门（Proteobacteria）和厚壁菌门（Firmicutes）；变形菌门（Proteobacteria）和厚壁菌门（Firmicutes）在 5 个不同时间中均为优势菌门（图 2-47）。

在属水平，0d 时的优势菌属为 *Atopostipes* 和嗜冷杆菌属（*Psychrobacter*）；3d 时的优势菌属主要包括罗氏菌属（*Rothia*）、*Bibersteinia* 和

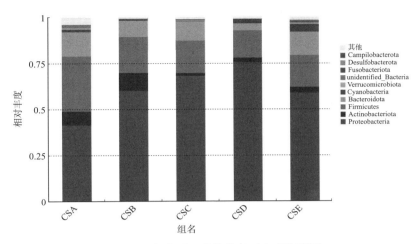

图 2-47　门水平上的物种相对丰度柱形图

链球菌属（*Streptococcus*），其中链球菌属（*Streptococcus*）在 3d 时丰度最高；5d 时的优势菌属主要包括 *Bibersteinia* 和链球菌属（*Streptococcus*）；7d 时的优势菌属主要包括小链菌属（*Alysiella*）；15d 时的主要优势菌属包括 *Bibersteinia*、小链菌属（*Alysiella*）和巴氏杆菌属（*Pasteurella*）（图 2-48）。

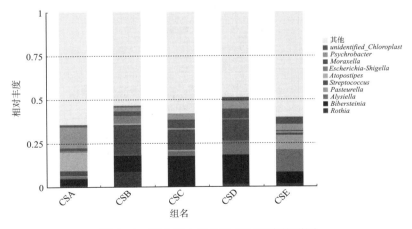

图 2-48　属水平上的物种相对丰度柱形图

4. 新生犊牛不同时间点口腔菌群的差异物种分析

利用 LEfSe 的判别分析方法筛选犊牛口腔菌群在不同时间点结构变化的关键菌群，阈值设定为 4（图 2-49）。1d 相对其他时间点口腔菌群中具有显著性差异的物种有 12 个，主要包括假单胞菌目（Pseudomonadales）、肉杆菌科（Carnobacteriaceae）、*Atopostipes*、梭菌纲（Clostridia）、嗜冷杆菌属（*Psychrobacter*）等，其中 LDA 评分最大即差异程度最大的为假单胞菌目（Pseud-

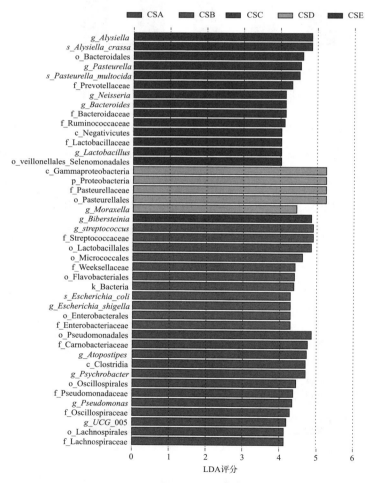

图 2-49　LEfSe 差异分析图

omonadales）；3d 相对其他时间点口腔菌群具有显著性差异的物种有 11 个，包括链球菌属（*Streptococcus*）、链球菌科（*Streptococcaceae*）、乳杆菌目（Lactobacillales）和微球菌目（Micrococcales）等，其中链球菌属（*Streptococcus*）是差异程度最大的物种；5d 相对其他时间点口腔菌群中具有显著性差异的只有 *Bibersteinia*；7d 相对其他时间点口腔菌群中具有显著性差异的物种有 5 个，其中丙型变形菌纲（Gammaproteobacteria）、变形菌门（Proteobacteria）、巴斯德氏菌科（*Pasteurellaceae*）和巴斯德氏菌目（Pasteurellales）的 LDA 评分相近；15d 相对其他时间点口腔菌群中具有显著性差异的物种有 14 个，包括小链菌属（*Alysiella*）、小链菌种（*Alysiella_crassa*）、拟杆菌目（Bacteroidales）、巴氏杆菌属（*Pasteurella*）和巴氏杆菌种（*Pasteurella_multocida*）等，其中差异程度最大的为小链菌属（*Alysiella*）和小链菌种（*Alysiella_crassa*）。

三、讨论

本试验利用 16S rRNA 扩增子测序技术对不同时间点犊牛唾液菌群进行分析，该试验的 30 个口腔样本的稀释曲线都趋近于平缓，表明测序深度已经达到唾液菌群多样性分析的要求。

Alpha 多样性分析表明，犊牛出生时，菌群丰度和多样性显著高于其他时间点的菌群丰度和多样性（$P<0.05$）。随着犊牛日龄的增加，口腔菌群丰度和多样性均呈波动式变化。出现这种结果的原因可能是外界环境的改变或日龄增长，导致了口腔菌群丰度和多样性的变化。Amin 等收集了 59 头犊牛出生后 140d 的口腔样本，通过研究发现犊牛口腔菌群的丰度和多样性会受到犊牛日龄的变化而改变。此结论与本研究结果相似。Beta 多样性分析表明，犊牛出生后口腔菌群群落结构发生了显著变化，但是犊牛日龄越大，其口腔菌群与 0d 时犊牛口腔菌群组间群落结构差异越小。

本研究对新生犊牛不同日龄口腔菌群的物种组成进行分析，发现变形菌门（Proteobacteria）和厚壁菌门（Firmicutes）在 5 个采样时间点均是优势菌门。厚壁菌门（Firmicutes）和变形菌门（Proteobacteria）也是犊牛粪便菌群中的优势菌门。变形菌门（Proteobacteria）在许多环境菌群中占主导地位，包括土壤、淡水、海水和大气。随着犊牛日龄的增加，犊牛口腔菌群的优势菌属逐渐发生改变：0d 时，优势菌属为 *Atopostipes* 和嗜冷杆菌属（*Psychrobacter*），随着犊牛日龄的增长，这两种菌属的相对丰度逐渐降低，但罗氏菌属（*Rothia*）、小链球菌属（*Alysiella*）和 *unidentified_Chloroplast* 相对丰度逐渐升高。犊牛出生后 3d、5d 和 7d 时，口腔菌群的优势菌属变为 *Bibersteinia* 和链球菌属（*Streptococcus*），但在 15d 时，这两个菌属相对丰度都显著降低，此时最优菌属变为小链球菌属（*Alysiella*）。罗氏菌属（*Rothia*）和链球菌属（*Streptococcus*）是口腔中的益生菌，对治疗牙周炎具有一定的作用。假单胞菌目（Pseudomonadales）、链球菌属（*Streptococcus*）、*Bibersteinia*、丙型变形菌纲（Gammaproteobacteria）和小链球菌属（*Alysiella*）分别是造成 0d、3d、5d、7d 和 15d 时口腔菌群结构变化的最关键微生物。假单胞菌目（Pseudomonadales）和丙型变形菌纲（Gammaproteobacteria）是带鱼肌肉菌群中的优势菌目和优势菌纲。口腔中的链球菌是宿主体内益生菌，可以产生抑制致病因子的分子。这些研究也表明口腔中的链球菌对犊牛的健康起到了重要作用。

四、结论

（1）犊牛出生后，口腔菌群的丰度和多样性迅速下降。随着犊牛日龄越长，其口腔菌群的群落结构与刚出生时口腔菌群群落结构差异越小。

（2）变形菌门、厚壁菌门和拟杆菌门在不同日龄的犊牛口腔内都为优势菌门。

主要参考文献

高岩,2018. 饲喂酸化乳对犊牛生长性能,血液免疫指标及粪便微生物多样性的影响 [D]. 大庆:黑龙江八一农垦大学.

夏耀耀,任文凯,黄瑞林,等,2017. 仔猪肠道微生物研究进展 [J]. 中国实验动物学报, 25 (6):681-688.

Aagaard K,Ma J,Antony K M,et al,2014. The placenta harbors a unique microbiome [J]. Sci Trans Med,6 (237):237ra65.

Abdel-Gadir A,Stephen-Victor E,Gerber G K,et al,2019. Microbiota therapy acts via a regulatory T cell MyD88/RORγt pathway to suppress food allergy [J]. Nat Med,25 (7):1164-1174.

Al-Awadhi H,Sulaiman R,Mahmoud H M,et al,2007. Alkaliphilic and halophilic hydrocarbon-utilizing bacteria from Kuwaiti coasts of the Arabian Gulf [J]. Appl Microbiol Biotechnol,77 (1):183-186.

Alipour M J,Jalanka J,Pessa-Morikawa T,et al,2018. The composition of the perinatal intestinal microbiota in cattle [J]. Sci Rep,8 (1):10437.

Amin N,Schwarzkopf S,Kinoshita A,et al,2021. Evolution of rumen and oral microbiota in calves is influenced by age and time of weaning [J]. Anim Microbiome,3 (1):31.

Ardissone A N,De L C D M,Davis-Richardson A G,et al,2014. Meconium microbiome analysis identifies bacteria correlated with premature birth [J]. Plos One,9 (3):e101399.

Arishi R A,Lai C T,Geddes D T,et al,2023. Impact of breastfeeding and other early-life factors on the development of the oral microbiome [J]. Front Microbiol,14:1236601.

Aromokeye D A,Willis-Poratti G,Wunder L C,et al,2021. Macroalgae degradation promotes microbial iron reduction via electron shuttling in coastal Antarctic sediments [J]. Environ Int,156:106602.

Atarashi K,Suda W,Luo C,et al,2017. Ectopic colonization of oral bacteria in the intestine drives TH1 cell induction and inflammation [J]. Science, 358 (6361): 359-365.

Audy J, Mathieu O, Belvis J, et al, 2012. Transcriptomic response of immune signalling pathways in intestinal epithelial cells exposed to lipopolysaccharides, Gram-negative bacteria or potentially probiotic microbes [J]. Benef Microbes, 3 (4): 273-286.

Baldassarre M E, Di Mauro A, Mastromarino P, et al, 2016. Administration of a multi-strain probiotic product to women in the perinatal period differentially affects the breast milk cytokine profile and may have beneficial effects on neonatal gastrointestinal functional symptoms [J]. A randomized clinical trial. Nutrients, 8 (11): 677.

Banda J F, Zhang Q, Ma L, et al, 2021. Both pH and salinity shape the microbial communities of the lakes in Badain Jaran Desert, NW China [J]. Sci Total Environ, 791: 148108.

Bergamaschi M, Tiezzi F, Howard J, et al, 2020. Gut microbiome composition differences among breeds impact feed efficiency in swine [J]. Microbiome, 8 (1): 110.

Bi Y, Tu Y, Zhang N, et al, 2021. Multiomics analysis reveals the presence of a microbiome in the gut of fetal lambs [J]. Gut, 70 (5): 853-864.

Bian G, Ma S, Zhu Z, et al, 2016. Age, introduction of solid feed and weaning are more important determinants of gut bacterial succession in piglets than breed and nursing mother as revealed by a reciprocal cross-fostering model [J]. Environ Microbiol, 18 (5): 1566-1577.

Blaser M J, Dominquez-Bello M G, 2016. The human microbiome before birth [J]. Cell Host Microbe, 20 (5): 558-560.

Bogart E, Creswell R, Gerber G K, 2019. MITRE: inferring features from microbiota time-series data linked to host status [J]. Genome Biol, 20 (1): 186.

Bromberg J S, Hittle L, Xiong Y, et al, 2020. Gut microbiota-dependent modulation of innate immunity and lymph node remodeling affects cardiac allograft outcomes [J]. JCI Insight, 5 (15): e142528.

Brown R L, Larkinson M L Y, Clarke T B, 2021. Immunological design of commensal communities to treat intestinal infection and inflammation [J]. PLoS Pathog, 17 (1): e1009191.

Bucci V, Tzen B, Li N, et al, 2016. MDSINE: Microbial Dynamical Systems INference engine for microbiome time-series analyses [J]. Genome Biol, 17 (1): 1-17.

Buffie C G, Bucci V, Stein R R, et al, 2015. Precision microbiome reconstitution restores bile acid mediated resistance to Clostridium difficile [J]. Nature, 517 (7533): 205-208.

Cani P D, Amar J, Iglesias M A, et al, 2007. Metabolic endotoxemia initiates obesity and insulin resistance. Diabetes [J]. Fundamental and Clinical Pharmacology, 56 (7): 1761-1772.

Caporaso J G, Lauber C L, Costello E K, et al, 2011. Moving pictures of the human microbiome [J]. Genome Biol, 12 (5): R50.

Carey M A, Medlock G L, Alam M, et al, 2021. Megasphaera in the stool microbiota is negatively associated with diarrheal Cryptosporidiosis [J]. Clin Infec Dis, 73 (6): e1242-e1251.

Castaner O, Goday A, Park Y M, et al, 2018. The gut microbiome profile in obesity: a systematic review [J]. Int J Endocrinol, 2018: 4095789.

Chang M N, Wei J Y, Hao L Y, et al, 2020. Effects of different types of zinc supplement on the growth, incidence of diarrhea, immune function, and rectal microbiota of newborn dairy calves [J]. J Dairy Sci, 103 (7): 6100-6113.

Cheng H Y, Ning M X, Chen D K, et al, 2019. Interactions between the gut microbiota and the host innate immune response against pathogens [J]. Front Immunol, 10: 607.

Chu D M, Ma J, Prince A L, et al, 2017. Maturation of the infant microbiome community structure and function across multiple body sites and in relation to mode of delivery [J]. Nat Med, 23 (3): 314-326.

Collado M C, Rautava S, Aakko J, et al, 2016. Human gut colonisation may be initiated in utero by distinct microbial communities in the placenta and amniotic fluid [J]. Sci Rep, 6: 23129.

David L A, Maurice C F, Carmody R N, et al, 2014. Diet rapidly and reproducibly alters the human gut microbiome [J]. Nature, 505 (7484): 559-563.

De Leoz M L A, Kalanetra K M, Bokulich N A, et al, 2015. Human milk glycomics and gut Microbial genomics in infant feces show a correlation between human milk oligosaccharides and gut microbiota: a proof-of-concept study [J]. Proteome Res, 14: 491-502.

Deng D, Su H, Song Y, et al, 2021. Altered fecal microbiota correlated with systemic inflammation in male subjects with methamphetamine use disorder [J]. Front Cell Infect Microbiol, 11: 783917.

Dethlefsen L, Relman D A, 2011. Incomplete recovery and individualized responses of the human distal gut microbiota to repeated antibiotic perturbation [J]. Proc Natl Acad Sci USA, 108 Suppl 1: 4554-4561.

Di Costanzo M, De Paulis N, Biasucci G, 2021. Butyrate: a link between early life nutrition and gut microbiome in the development of food allergy [J]. Life, 11 (5): 384.

Dias J, Marcondes M I, Motta de Souza S, et al, 2018. Bacterial community dynamics across the gastrointestinal tracts of dairy calves during preweaning development [J]. Appl Environ Microbiol, 84 (9): e02675-17.

Digiulio D B, 2012. Diversity of microbes in amniotic fluid [J]. Semin Fetal Neonatal Med, 17 (1): 2-11.

Digiulio D B, Gervasi M T, Romero R, et al, 2010. Microbial invasion of the amniotic cavity in pregnancies with small-for-gestational-age fetuses [J]. J Perinat Med, 38 (5): 495-502.

Dogra S, Sakwinska O, Soh S E, et al, 2015. Rate of establishing the gut microbiota in infancy has consequences for future health [J]. Gut Microbes, 6 (5): 321-325.

Dominguez-Bello M G, De Jesus-Laboy K M, Shen N, et al, 2016. Partial restoration of the microbiota of cesarean-born infants via vaginal microbial transfer [J]. Nat Med, 22 (3): 250-253.

Drell T, Štšepetova J, Simm J, et al, 2017. The Influence of different maternal microbial communities on the development of infant gut and oral microbiota [J]. Sci Rep, 7 (1): 9940.

Duan M, Wang Y, Zhang Q, et al, 2021. Characteristics of gut microbiota in people with obesity [J]. PLoS One, 16 (8): e0255446.

Duan R, Guan X, Huang K, et al, 2021. Flavonoids from whole-grain oat alleviated high-fat diet-induced hyperlipidemia via regulating bile acid metabolism and gut Microbiota in mice [J]. J Agric Food Chem, 69 (27): 7629-7640.

Egorova D, Pyankova A, Shestakova E, et al, 2022. Risk assessment of change in respiratory gas concentrations by native culturable bacteria in the air of sulfide ore mines [J]. Environ Geochem Health, 44 (6): 1751-1765.

Elolimy A, Alharthi A, Zeineldin M, et al, 2020. Residual feed intake divergence during the preweaning period is associated with unique hindgut microbiome and metabolome profiles in neonatal Holstein heifer calves [J]. J Anim Sci Biotechnol, 11: 13.

Elolimy A, Alharthi A, Zeineldin M, et al, 2019. Supply of methionine during late-pregnancy alters fecal microbiota and metabolome in neonatal dairy calves without changes in daily feed intake [J]. Front Microbiol, 10: 2159.

Emami N K, White M B, Calik A, et al, 2021. Managing broilers gut health with antibiotic-free diets during subclinical necrotic enteritis [J]. Poult Sci, 100 (5): 101055.

Faith J J, Guruge J L, Charbonneau M, et al, 2013. The long-term stability of the human gut microbiota [J]. Science, 341 (6141): 1237439.

Fan P, Nelson C D, Driver J D, et al, 2021. Host genetics exerts lifelong effects upon hindgut microbiota and its association with bovine growth and immunity [J]. ISME J, 15 (8): 2306-2321.

Fardini Y, Chung P, Dumm R, et al, 2010. Transmission of diverse oral bacteria to murine placenta: evidence for the oral microbiome as a potential source of intrauterine infection [J]. Infect Immun, 78 (4): 1789-1796.

Faust K, Lahti L, Gonze D, et al, 2015. Metagenomics meets time series analysis: unraveling microbial community dynamics [J]. Curr Opin Microbiol, 25 (12): 56-66.

Faust K, Raes J, 2012. Microbial interactions: from networks to models [J]. Nat Rev Microbiol, 10 (8): 538-550.

Fernández L, Langa S, Martín V, et al, 2013. The human milk microbiota: origin and potential roles in health and disease [J]. Pharmacol Res, 69 (1): 1-10.

Forbes J D, Chen C Y, Knox N C, et al, 2018. A comparative study of the gut microbiota in immune-mediated inflammatory diseases-Does a common dysbiosis exist? [J]. Microbiome, 6 (1): 221.

Franasiak J M, Scott R T, 2017. Endometrial microbiome [J]. Curr Opin Obstet Gynecol, 29 (3): 146.

Frese S A, Mills D A, 2015. Birth of the infant gut microbiome: moms deliver twice! [J]. Cell Host Microbe, 17 (5): 543-544.

Friedman J E, 2017. The maternal microbiome: Cause or consequence of obesity risk in the next generation? [J]. Obesity (Silver Spring), 25 (3): 497-498.

Gerber G K, Onderdonk A B, Bry L, 2012. Inferring dynamic signatures of microbes in complex host ecosystems [J]. PLoS Comput Biol, 8 (8): e1002624.

Ghosh S, Pramanik S, 2021. Structural diversity, functional aspects and future therapeutic applications of human gut microbiome [J]. Arch Microbiol, 203 (9): 5281-5308.

Gomez de Agüero M, Ganal-Vonarburg S C, Fuhrer T, et al, 2016. The maternal microbiota drives early postnatal innate immune development [J]. Science, 351 (6279): 1296-1302.

Gomez D E, Galvão K N, Rodriguez-Lecompte J C, et al, 2019. The cattle microbiota and the immune system: an evolving field [J]. Vet Clin North Am Food Anim Pract, 35 (3): 485-505.

Hang B P T, Wredle E, Dicksved J, 2020. Analysis of the developing gut microbiota in young dairy calves-impact of colostrum microbiota and gut disturbances [J]. Trop Anim Health Prod, 53 (1): 50.

Hennessy M L, Indugu N, Vecchiarelli B, et al, 2020. Temporal changes in the fecal bacterial community in Holstein dairy calves from birth through the transition to a solid diet [J]. PLoS One, 15 (9): e0238882.

Huhta H, Helminen O, Kauppila J H, et al, 2016. The expression of toll-like receptors in normal human and murine gastrointestinal organs and the effect of microbiome and cancer [J]. J Histochem Cytochem, 64 (8): 470-482.

Ialenti A, Meglio P D, Grassia G, et al, 2006. A novel lipid A from Halomonas magadiensis inhibits enteric LPS-induced human monocyte activation [J]. Eur J Immunol, 36 (2): 354-360.

Jami E, Israel A, Kotser A, et al, 2013. Exploring the bovine rumen bacterial community from birth to adulthood [J]. Isme J, 7 (6): 1069-1079.

Jangi S, Gandhi R, Cox LM, et al, 2016. Alterations of the human gut microbiome in multiple sclerosis [J]. Nat Commun, 7: 12015.

Jasinska A J, Dong T S, Lagishetty V, et al, 2020. Shifts in microbial diversity, composition, and functionality in the gut and genital microbiome during a natural SIV infection in vervet monkeys [J]. Microbiome, 8 (1): 154.

Jost T, Lacroix C, Braegger C, et al, 2014. Stability of the maternal gut microbiota during late pregnancy and early lactation [J]. Curr Microbiol, 68 (4): 419-427.

Kataoka, Keiko, 2016. The intestinal microbiota and its role in human health and disease [J]. J Med Invest, 63 (1.2): 27-37.

Kato L M, Kawamoto S, Maruya M, et al, 2014. The role of the adaptive immune system in regulation of gut microbiota [J]. Immunol Rev, 260 (1): 67-75.

Kelly D, Yang L, Pei Z, 2018. Gut microbiota, fusobacteria, and colorectal cancer. Diseases, 6 (4): 109.

Klein-Jöbstl D, Quijada N M, Dzieciol M, et al, 2019. Microbiota of newborn calves and their mothers reveals possible transfer routes for newborn calves' gastrointestinal microbiota [J]. PLoS One, 14 (8): e0220554.

Klein-Jöbstl D, Schornsteiner E, Mann E, et al, 2014. Pyrosequencing reveals diverse fecal microbiota in Simmental calves during early development [J]. Front Microbiol, 5: 622.

Koren O, Goodrich J K, Cullender T C, et al, 2012. Host remodeling of the gut microbiome and metabolic changes during pregnancy [J]. CELL, 150 (3): 470-480.

Larsen P, Hamada Y, Gilbert J, 2012. Modeling microbial communities: current, developing, and future technologies for predicting microbial community interaction [J]. J Biotechnol, 160 (1): 17-24.

Larzábal M, Da Silva W M, Multani A, et al, 2020. Early immune innate hallmarks and microbiome changes across the gut during Escherichia coli O157: H7 infection in cattle [J]. Sci Rep, 10 (1): 21535.

Le Sciellour M, Renaudeau D, Zemb O, 2019. Longitudinal analysis of the microbiota composition and enterotypes of pigs from post-weaning to finishing [J]. Microorganisms, 7 (12): 622.

Lee Y K, Mazmanian S K, 2010. Has the microbiota played a critical role in the evolution of the adaptive immune system? . Science, 330 (6012): 1768-1773.

Li G, Wu X, Gao X, et al, 2022. Long-term exclusive enteral nutrition remodels the gut microbiota and alleviates TNBS-induced colitis in mice [J]. Food Funct, 13 (4): 1725-1740.

Li N, Wang Y, You C, et al, 2018. Variation in raw milk microbiota throughout 12 months and the impact of weather conditions [J]. Sci Rep, 8 (1): 2371.

Li R W, Wu S, Li W, et al, 2012. Alterations in the porcine colon microbiota induced by the gastrointestinal nematode trichuris suis [J]. Infect Immun, 80 (6): 2150.

Li T T, Huang Z R, Jia R B, et al, 2021. Spirulina platensis polysaccharides attenuate lipid and carbohydrate metabolism disorder in high-sucrose and high-fat diet-fed rats in association with intestinal microbiota [J]. Food Res Int, 147: 110530.

Li Z, Dong Y, Chen S, et al, 2021. Organic selenium increased gilts antioxidant capacity, immune function, and changed intestinal microbiota [J]. Front Microbiol, 12: 723190.

Liao R, Xie X, Yuhua L V, et al, 2021. Ages of weaning influence the gut microbiota diversity and function in Chongming white goats [J]. Appl Microbiol Biotechnol, 105 (9): 1-10.

Lim E S, Zhou Y, Zhao G, et al, 2015. Early life dynamics of the human gut virome and bacterial microbiome in infants [J]. Nat Med, 21 (10): 1228-1234.

Lima S F, Teixeira A G V, Lima F S, et al, 2017. The bovine colostrum microbiome and its association with clinical mastitis [J]. J Dairy Sci, 100 (4): 3031-3042.

Lin P P, Hsieh Y M, Tsai C C, 2009. Antagonistic activity of Lactobacillus acidophilus RY2 isolated from healthy infancy feces on the growth and adhesion characteristics of enteroaggregative Escherichia coli [J]. Anaerobe, 15 (4): 122-126.

Liu Y J, Tang B, Wang F C, et al, 2020. Parthenolide ameliorates colon inflammation through regulating Treg/Th17 balance in a gut microbiota-dependent manner [J]. Theranostics, 10 (12): 5225-5241.

Lozupone C A, Stombaugh J I, Gordon J I, et al, 2012. Diversity, stability and resilience of the human gut microbiota [J]. Nature, 489 (7415): 220-230.

Lu X, Liu J, Zhang N, et al, 2019. Ripened pu-erh tea extract protects mice from obesity by modulating gut microbiota composition [J]. J Agric Food Chem, 67 (25): 6978-6994.

Luo J, Han L, Liu L, et al, 2018. Catechin supplemented in a FOS diet induces weight loss by altering cecal microbiota and gene expression of colonic epithelial cells [J]. Food Funct, 9 (5): 2962-2969.

Luo L, Yan J, Chen B, et al, 2021. The effect of menthol supplement diet on colitis-induced colon tumorigenesis and intestinal microbiota [J]. Am J Transl Res, 13 (1): 38-56.

Lv M, Li L, Li W, et al, 2021. Mechanism research on the interaction regulation of Escherichia and IFN-γ for the occurrence of T2DM [J]. Ann Palliat Med, 10 (10): 10391-10400.

Maaetoft-Udsen K, Vynne N, Heegaard P M, et al, 2013. Pseudoalteromonas strains are potent immunomodulators owing to low-stimulatory LPS [J]. Innate Immun, 19 (2): 160-173.

Mach N, Berri M, Estellé J, et al, 2015. Early-life establishment of the swine gut microbiome and impact on host phenotypes [J]. Environ Microbiol Rep, 7 (3): 554-569.

Malmuthuge N, Liang G, Griebel PJ, et al, 2019. Taxonomic and functional compositions of the small intestinal microbiome in neonatal calves provide a framework for understanding early life gut health [J]. Appl Environ Microbiol, 85 (6): e02534-18.

Malmuthuge N, Li M, Fries P, et al, 2012. Regional and age dependent changes in gene expression of Toll-like receptors and key antimicrobial defence molecules throughout the gastrointestinal tract of dairy calves [J]. Vet Immunol Immunopathol, 146 (1): 18-26.

Marino S, Baxter N T, Huffnagle G B, et al, 2014. Mathematical modeling of primary succession of murine intestinal microbiota [J]. Proc Natl Acad Sci U S A, 111 (1): 439-444.

Mario M, Siva S, 2002. Bayesian infinite mixture model based clustering of gene expression profiles [J]. Bioinformatics, 18 (9): 1194-1206.

Mastromarino P, Capobianco D, Miccheli A, et al, 2015. Administration of a multistrain probiotic product (VSL#3) to women in the perinatal period differentially affects breast milk beneficial microbiota in relation to mode of delivery [J]. Pharmacol Res, 95-96: 63-70.

Matsha T E, Prince Y, Davids S, et al, 2020. Oral microbiome signatures in diabetes mellitus and periodontal disease [J]. J Dent Res, 99 (6): 658-665.

Mayer M, Abenthum A, Matthes J M, et al, 2012. Development and genetic influence of the rectal bacterial flora of newborn calves [J]. Vet Microbiol, 161: 179-185.

Maynard C L, Elson C O, Hatton R D, et al, 2012. Reciprocal interactions of the intestinal microbiota and immune system [J]. Nature, 489 (7415): 231-241.

Mazmanian S K, Liu C H, Tzianabos A O, et al, 2005. An immunomodulatory molecule of symbiotic bacteria directs maturation of the host immune system [J]. Cell, 122 (1): 107-118.

Mazmanian S K, Round J L, Kasper D L, 2008. A microbial symbiosis factor prevents intestinal inflammatory disease [J]. Nature, 453 (7195): 620-625.

Mwirichia R, Muigai A W, Tindall B, et al, 2010. Isolation and characterisation of bacteria from the haloalkaline Lake Elmenteita, Kenya [J]. Extremophiles, 14 (4): 339-348.

Nepelska M, Cultrone A, Béguet-Crespel F, et al, 2012. Butyrate produced by commensal bacteria potentiates phorbol esters induced AP-1 response in human intestinal epithelial cells [J]. PLoS One, 7 (12): e52869.

Nogal A, Louca P, Zhang X, et al, 2021. Circulating levels of the short-chain fatty acid acetate mediate the effect of the gut microbiome on visceral fat [J]. Front Microbiol, 12: 711359.

O'Dwyer J P, Lake J K, Ostling A, et al, 2009. An integrative framework for stochastic, size-structured community assembly [J]. Proc Natl Acad Sci U S A, 106 (15): 6170-6175.

Oikonomou G, Teixeira A G, Foditsch C, et al, 2013. Fecal microbial diversity in pre-weaned dairy calves as described by pyrosequencing of metagenomic 16S rDNA. Associations of Faecalibacterium species with health and growth [J]. PLoS One, 8 (4): e63157.

Ozcan N, Dal T, Tekin A, et al, 2013. Is Chryseobacterium indologenes a shunt-lover bacterium? A case report and review of the literature [J]. Infez Med, 21 (4): 312-316.

Paganelli F L, Luyer M, Hazelbag C M, et al, 2019. Roux-Y Gastric Bypass and Sleeve Gastrectomy directly change gut microbiota composition independent of surgery type [J]. Sci Rep, 9 (1): 10979.

Perez P F, Doré J, Leclerc M, et al, 2007. Bacterial imprinting of the neonatal immune system: lessons from maternal cells? [J]. Pediatrics, 119 (3): e724-732.

Quercia S, Freccero F, Castagnetti C, et al, 2019. Early colonisation and temporal dynamics of the gut microbial ecosystem in Standardbred foals [J]. Equine Vet J, 51 (2): 231-237.

Raman A S, Gehrig J L, Venkatesh S, et al, 2019. A sparse covarying unit that describes healthy and impaired human gut microbiota development [J]. Science, 365 (6449): eaau4735.

Ramayo-Caldas Y, Zingaretti L M, Perez-Pascual D, et al, 2021. Leveraging host-genetics and gut microbiota to determine immunocompetence in pigs [J]. Anim Microbiome, 3 (1): 74.

Rautava S, 2016. Early microbial contact, the breast milk microbiome and child health [J]. J Dev Orig Health Dis, 7 (1): 5-14.

Rodríguez J M, 2014. The origin of human milk bacteria: is there a bacterial enteromammary pathway during late pregnancy and lactation? [J]. Adv Nutr, 5 (6): 779-784.

Sartor R B, 2008. Microbial influences in inflammatory bowel diseases [J]. Gastroenterology, 134 (2): 577-594.

Satokari R, Grnroos T, Laitinen K, et al, 2009. Bifidobacteriumand Lactobacillus DNA in the human placenta [J]. Lett Appl Microbiol, 48 (1): 8-12.

Scaldaferri F, Pecere S, Petito V, et al, 2016. Efficacy and mechanisms of action of fecal microbiota transplantation in ulcerative colitis: pitfalls and promises from a first meta-analysis [J]. Transplant Proc, 48 (2): 402-407.

Shoaie S, Ghaffari P, Kovatcheva-Datchary P, et al, 2015. Quantifying diet-induced metabolic changes of the human gut microbiome [J]. Cell Metab, 22 (2): 320-331.

Simpson C A, Diaz-Arteche C, Eliby D, et al, 2021. The gut microbiota in anxiety and depression-a systematic review [J]. Clin Psychol Rev, 83: 101943.

Soto Del Rio M L D, Dalmasso A, Civera T, et al, 2017. Characterization of bacterial communities of donkey milk by high-throughput sequencing [J]. Int J Food Microbiol, 251: 67-72.

Stein R R, Bucci V, Toussaint N C, et al, 2013. Ecological modeling from time-series inference: insight into dynamics and stability of intestinal microbiota [J]. PLoS Comput Biol, 9 (12): e1003388.

Stinson L F, Payne M S, Keelan J A, 2017. Planting the seed: Origins, composition, and postnatal health significance of the fetalgastrointestinal microbiota [J]. Crit Rev Microbiol, 43 (3): 352-369.

Tandon D, Haque M M, Gote M, et al, 2019. A prospective randomized, double-blind, placebo-controlled, dose-response relationship study to investigate efficacy of fructo-oligosaccharides (FOS) on human gut microflora [J]. Sci Rep, 9 (1): 5473.

Tian H, Xing J, Tang X, et al, 2021. Identification and characterization of a master transcription factor of Th1 cells, T-bet, within flounder (paralichthys olivaceus) [J]. Front Immunol, 12: 704324.

Tulic M K, Hodder M, Forsberg A, et al, 2011. Differences in innate immune function between allergic and nonallergic children: new insights into immune ontogeny [J]. J Allergy Clin Immunol, 127 (2): 470-478.

Urbaniak C, Cummins J, Brackstone M, et al, 2014. Microbiota of human breast tissue [J]. Appl Enviro Microbiol, 80 (10): 3007-3014.

Uyeno Y, Sekiguchi Y, Kamagata Y, 2010. rRNA-based analysis to monitor succession of fecal bacterial communities in Holstein calves [J]. Lett Appl Microbiol, 51 (5): 570-577.

Uyeno Y, Shigemori S, Shimosato T, 2015. Effect of probiotics/prebiotics on cattle health and productivity [J]. Microbes Environ, 30 (2): 126-132.

Vacca I, 2017. Microbiota: clostridia protect from gut infections in early life [J]. Nat Rev Microbiol, 15 (6): 321.

Voreades N, Kozil A, Weir T L, 2014. Diet and the development of the human intestinal microbiome [J]. Front Microbiol, 5: 494.

Walter J, Ley R, 2011. The human gut microbiome: ecology and recent evolutionary changes [J]. Annu Rev Microbiol, 65: 411-429.

Walker M Y, Pratap S, Southerland J H, et al, 2018. Role of oral and gut microbiome in nitric oxide mediated colon motility [J]. Nitric Oxide, 73: 81-88.

Wang Q, Wei M, Zhang J, et al, 2021. Structural characteristics and immune-enhancing activity of an extracellular polysaccharide produced by marine Halomonas sp. 2E1 [J]. Int J Biol Macromol, 183: 1660-1668.

Wong M L, Inserra A, Lewis M D, et al, 2016. Inflammasome signaling affects anxiety-and depressive-like behavior and gut microbiome composition [J]. Mol Psychiatry, 21 (6): 797-805.

Wu M, Li P, An Y, et al, 2019. Phloretin ameliorates dextran sulfate sodium-induced ulcerative colitis in mice by regulating the gut microbiota [J]. Pharmacol Res, 150: 104489.

Wu M, Yang S, Wang S, et al, 2020. Effect of berberine on atherosclerosis and gut microbiota modulation and their correlation in high-fat diet-fed ApoE/ mice [J]. Front Pharmacol, 11: 223.

Xu Q, Hu M, Li M, et al, 2021. Dietary bioactive peptide alanyl-glutamine attenuates dextran sodium sulfate-induced colitis by modulating gut microbiota [J]. Oxid Med Cell Longev, 2021: 5543003.

Yang C, Liu W, He Z, et al, 2015. Freezing/thawing pretreatment coupled with biological process of thermophilic Geobacillus sp. G1: Acceleration on waste activated sludge hydrolysis and acidification [J]. Bioresour Technol, 175: 509-516.

Yaskolka Meir A, Rinott E, Tsaban G, et al, 2021. Effect of green-Mediterranean diet on intrahepatic fat: the DIRECT PLUS randomised controlled trial [J]. Gut, 70 (11): 2085-2095.

Yatsunenko T, Rey F E, Manary M J, et al, 2012. Human gut microbiome viewed across age and geography [J]. Nature, 486 (7402): 222-227.

Yeoman C J, Ishaq S L, Bichi E, et al, 2018. Biogeographical differences in the influence of maternal microbial sources on the early successional development of the bovine neonatal gastrointestinal tract [J]. Sci Rep, 8 (1): 3197.

Yuan D, Li C, You L, et al, 2020. Changes of digestive and fermentation properties of Sargassum pallidum polysaccharide after ultrasonic degradation and its impacts on gut microbiota [J]. Int J Biol Macromol, 164: 1443-1450.

Zeevi D, Korem T, Zmora N, et al, 2015. Personalized Nutrition by Prediction of Glycemic Responses [J]. Cell, 163 (5): 1079-1094.

Zeng Q, Li D, He Y, et al, 2019. Discrepant gut microbiota markers for the classification of obesity-related metabolic abnormalities [J]. Sci Rep, 9 (1): 1-10.

Zinicola M, Lima F, Lima S, et al, 2015. Altered microbiomes in bovine digital dermatitis lesions, and the gut as a pathogen reservoir [J]. PloS one, 10 (3): e0120504.

Zhang C, Xie J, Li X, et al, 2019. Alliin alters gut microbiota and gene expression of colonic epithelial tissues [J]. J Food Biochem, 43 (4): e12795.

Zhang W, Wu Q, Zhu Y, et al, 2019. Probiotic Lactobacillus rhamnosus GG induces alterations in ileal microbiota with associated CD3 (-) CD19 (-) T-bet (+) IFNγ (+/-) cell subset homeostasis in pigs challenged with Salmonella enterica serovar 4, [5], 12: i: [J]. Front microbiol, 10: 977.

Zhu H, He Y S, Ma J, et al, 2021. The dual roles of ginsenosides in improving the antitumor efficiency of cyclophosphamide in mammary carcinoma mice [J]. J Ethnopharmacol, 265: 113271.

Zhu Q, Li C, Yu Z-X, et al, 2016. Molecular and immune response characterizations of IL-6 in large yellow croaker (Larimichthys crocea) [J]. Fish Shellfish Immunol, 50: 263-273.

Zhuang Y, Huang H, Liu S, et al, 2021. Resveratrol improves growth performance, intestinal morphology, and microbiota composition and metabolism in mice [J]. Front microbiol, 12: 726878.

附 录

表 1 PNC 组各模块 OTU 所属菌属

序号	数量	所含 OTU	所属菌属
模块 1	6	OTU_34, OTU_40, OTU_77, OTU_78, OTU_148, OTU_58	Marinifilum, Bacteroides, Barnesiella, Lachnoclostridium
模块 2	9	OTU_103, OTU_105, OTU_42, OTU_43, OTU_44, OTU_120, OTU_122, OTU_123, OTU_128	Negativibacillus, Prevotellaceae_Ga6A1_group, Prevotella, Sarcina
模块 3	11	OTU_65, OTU_99, OTU_170, OTU_18, OTU_51, OTU_50, OTU_180, OTU_150, OTU_63, OTU_28, OTU_191	Erysipelatoclostridium, Vibrio, Prevotella, Halarcobacter, Carboxylicivirga, Desulfotalea, Aliivibrio, Desulfovibrio, Pseudomonas
模块 4	15	OTU_193, OTU_39, OTU_104, OTU_41, OTU_138, OTU_76, OTU_14, OTU_111, OTU_48, OTU_83, OTU_56, OTU_88, OTU_157, OTU_159, OTU_192	Bacteroides, UCG-005, Blautia, GCA-900066575, Alistipes, Clostridium_sensu_stricto_1, Butyricicoccus, Flavonifractor, Faecalibacterium
模块 5	80	OTU_1, OTU_2, OTU_3, OTU_4, OTU_5, OTU_6, OTU_7, OTU_8, OTU_9, OTU_10, OTU_12, OTU_13, OTU_15, OTU_16, OTU_17, OTU_19, OTU_21, OTU_22, OTU_23, OTU_24, OTU_26, OTU_27, OTU_29, OTU_31, OTU_32, OTU_33, OTU_35, OTU_36, OTU_38, OTU_45, OTU_46, OTU_52, OTU_55, OTU_57, OTU_59, OTU_60, OTU_61, OTU_64, OTU_66, OTU_67, OTU_69, OTU_70, OTU_71, OTU_72, OTU_84, OTU_85, OTU_86, OTU_87, OTU_90, OTU_91, OTU_94, OTU_95, OTU_97, OTU_98, OTU_102, OTU_109, OTU_114, OTU_115, OTU_119, OTU_124, OTU_126, OTU_130, OTU_132, OTU_134, OTU_137, OTU_160, OTU_162, OTU_165, OTU_166, OTU_167, OTU_169, OTU_172, OTU_174, OTU_175, OTU_176, OTU_177, OTU_178, OTU_186, OTU_189, OTU_198	Allisonella, Allobaculum, Anaerovibrio, Bacteroides, Bifidobacterium, Blautia, Butyricicoccus, Clostridioides, Clostridium_sensu_stricto_1, Clostridium_sensu_stricto_2, Colidextribacter, Collinsella, Desulfovibrio, Enterococcus, Erysipelatoclostridium, Escherichia, Faecalibacterium, Fournierella, Fusobacterium, Ileibacterium, Lactobacillus, Lachnoclostridium, Prevotella, Lachnospiraceae_UCG-004, Oscillospira, Parabacteroides, Phascolarctobacterium, Pseudoflavonifractor, Ruminococcus, Sutterella, Subdoligranulum, Tyzzerella, Ruminococcus_gnavus_group, unidentified_Chloroplast, unidentified_Oscillospiraceae

附 表

(续)

序号	数量	所含 OTU	所属菌属
模块 6	2	OTU_106, OTU_100	Roseburia
模块 7	9	OTU_73, OTU_92, OTU_49, OTU_82, OTU_20, OTU_54, OTU_25, OTU_188, OTU_190	Shewanella, Lachnospiraceae_UCG-010, Photobacterium, Spirochaeta_2, Psychrilyobacter, ZOR0006, Lachnospiraceae_AC2044_group
模块 8	7	OTU_136, OTU_171, OTU_144, OTU_182, OTU_151, OTU_156, OTU_93	Subdoligranulum, UCG-005, Megasphaera
模块 9	3	OTU_153, OTU_139, OTU_96	Anaerofilum
模块 10	3	OTU_145, OTU_117, OTU_112	Bacteroides, Blautia, Erysipelotrichaceae_UCG-003
模块 11	8	OTU_194, OTU_200, OTU_168, OTU_140, OTU_142, OTU_113, OTU_116, OTU_152	Erysipelatoclostridium, GCA/900066575, Alistipes
模块 12	1	OTU_143	Streptococcus
模块 13	1	OTU_164	Bacteroides
模块 14	1	OTU_129	UCG-005
模块 15	8	OTU_163, OTU_101, OTU_11, OTU_173, OTU_81, OTU_118, OTU_89, OTU_30	Lachnoclostridium, Veillonella, Acidaminococcus, Lactobacillus, Methanobrevibacter, Sellimonas, Peptostreptococcus, Clostridium_sensu_stricto_1
模块 16	1	OTU_75	
模块 17	17	OTU_161, OTU_131, OTU_196, OTU_197, OTU_135, OTU_199, OTU_108, OTU_110, OTU_146, OTU_147, OTU_179, OTU_53, OTU_181, OTU_184, OTU_154, OTU_155, OTU_158	UCG-005, Pseudomonas, Moraxella, Alloprevotella, Mannheimia, Alysiella, UCG-004
模块 18	5	OTU_195, OTU_68, OTU_141, OTU_183, OTU_185	UCG-005, Rikenellaceae_RC9_gut_group, Lachnospiraceae_AC2044_group
模块 19	2	OTU_74, OTU_79	Odoribacter
模块 20	11	OTU_133, OTU_37, OTU_107, OTU_47, OTU_80, OTU_149, OTU_121, OTU_187, OTU_125, OTU_62, OTU_127	Peptostreptococcus, Faecalicoccus

表 2 MNC 组各模块 OTU 所属菌属

序号	数量	所含 OTU	所属菌属
模块 1	47	OTU_131, OTU_7, OTU_8, OTU_9, OTU_137, OTU_11, OTU_14, OTU_16, OTU_145, OTU_18, OTU_19, OTU_20, OTU_146, OTU_23, OTU_24, OTU_25, OTU_152, OTU_27, OTU_28, OTU_30, OTU_31, OTU_32, OTU_158, OTU_34, OTU_35, OTU_36, OTU_37, OTU_161, OTU_165, OTU_40, OTU_41, OTU_167, OTU_48, OTU_49, OTU_178, OTU_189, OTU_65, OTU_194, OTU_69, OTU_71, OTU_72, OTU_73, OTU_74, OTU_82, OTU_107, OTU_115, OTU_119	Subdoligranulum, Faecalibacterium, Megamonas, Oscillospira, Lactobacillus, Alloprevotella, Erysipelotrichaceae UCG-003, Vibrio, Ruminococcus, Psychrilyobacter, Bifidobacterium, Parabacteroides, ZOR0006, Alistipes, Erysipelatoclostridium, Veillonella, Tyzzerella, Bacteroides, Anaerovibrio, Ruminococcus_gnavus_group, UCG-005, Marinifilum, unidentified_Chloroplast, Lachnoclostridium, Sutterella, Photobacterium, Erysipelatoclostridium, Marinifilum, Phascolarctobacterium, Shewanella, Odoribacter, Clostridium_sensu_stricto_1, Clostridium_sensu_stricto_2
模块 2	10	OTU_66, OTU_68, OTU_38, OTU_108, OTU_77, OTU_15, OTU_176, OTU_22, OTU_157, OTU_127	Parabacteroides, Rikenellaceae_RC9_gut_group, Alistipes, Lachnospiraceae_UCG-004, Bacteroides, Ileibacterium
模块 3	46	OTU_129, OTU_132, OTU_133, OTU_141, OTU_148, OTU_26, OTU_154, OTU_156, OTU_33, OTU_162, OTU_163, OTU_43, OTU_44, OTU_171, OTU_47, OTU_179, OTU_53, OTU_54, OTU_182, OTU_56, OTU_57, OTU_59, OTU_61, OTU_63, OTU_193, OTU_67, OTU_200, OTU_75, OTU_76, OTU_79, OTU_81, OTU_89, OTU_90, OTU_91, OTU_93, OTU_95, OTU_97, OTU_98, OTU_105, OTU_110, OTU_112, OTU_113, OTU_120, OTU_123, OTU_125, OTU_128	UCG-005, Lactobacillus, Alysiella, Lachnoclostridium, Prevotella, Alloprevotella, Spirochaeta_2, Blautia, Desulfotalea, Flavonifractor, Sutterella, Clostridioides, Peptostreptococcus, Clostridium_sensu_stricto_1, Megasphaera, Bacteroides, Sarcina
模块 4	4	OTU_58, OTU_84, OTU_174, OTU_55	Lachnoclostridium, Enterococcus, Bacteroides
模块 5	3	OTU_83, OTU_13, OTU_80	GCA-900066575, Enterococcus
模块 6	22	OTU_144, OTU_149, OTU_153, OTU_159, OTU_160, OTU_168, OTU_45, OTU_177, OTU_185, OTU_192, OTU_86, OTU_87, OTU_88, OTU_94, OTU_99, OTU_100, OTU_103, OTU_109, OTU_111, OTU_117, OTU_122, OTU_126	Anaerofilum, GCA-900066575, Colidextribacter, Bacteroides, Lachnospiraceae_AC2044_group, Blautia, Butyricimonas, Desulfovibrio, Erysipelatoclostridium, Roseburia, Negativibacillus, Parabacteroides, Butyricicoccus

(续)

序号	数量	所含OTU	所属菌属
模块7	3	OTU_51、OTU_46、OTU_190	Carboxylicivirga、Lachnospiraceae_AC2044_group
模块8	1	OTU_175	Allisonella
模块9	9	OTU_4、OTU_70、OTU_134、OTU_199、OTU_124、OTU_114、OTU_85、OTU_60、OTU_29	Butyricicoccus、Clostridium_sensu_stricto_1、Pseudoflavonifractor、Bacteroides、Lactobacillus
模块10	22	OTU_1、OTU_130、OTU_135、OTU_136、OTU_12、OTU_17、OTU_21、OTU_151、OTU_155、OTU_169、OTU_42、OTU_170、OTU_173、OTU_183、OTU_184、OTU_187、OTU_191、OTU_64、OTU_78、OTU_102、OTU_116、OTU_118	Escherichia、Subdoligranulum、Lactobacillus、Sellimonas、Fournierella、Collinsella、UCG-004、Pseudomonas、unidentified_Oscillospiraceae、Parabacteroides、Prevotellaceae_Ga6A1_group、Methanobrevibacter、Ruminococcus_torques_group、Prevotella、Barnesiella
模块11	1	OTU_181	Mannheimia
模块12	7	OTU_3、OTU_5、OTU_6、OTU_10、OTU_147、OTU_52、OTU_62	Bacteroides、Faecalibacterium、Allobaculum、Faecalicoccus
模块13	5	OTU_197、OTU_198、OTU_139、OTU_140、OTU_96	Moraxella、Fusobacterium
模块14	18	OTU_2、OTU_195、OTU_164、OTU_101、OTU_166、OTU_196、OTU_104、OTU_106、OTU_138、OTU_172、OTU_142、OTU_143、OTU_50、OTU_180、OTU_150、OTU_121、OTU_186、OTU_188	Fusobacterium、Bacteroides、Acidaminococcus、Blautia、Pseudomonas、Faecalibacterium、Streptococcus、Aliivibrio、Desulfovibrio、Ruminococcus_gnavus_group、Halarcobacter
模块15	1	OTU_92	Lachnospiraceae_UCG-010
模块16	1	OTU_39	

215

致　　谢

本著作为国家自然基金项目的研究内容，所有研究内容除著者本人的研究外，其他均来自著者研究团队硕士研究生的研究论文，她们是杨敏娜硕士和陶薪旭硕士。在本著作出版之际，向她们表示诚挚的感谢。

图书在版编目（CIP）数据

围产期奶牛及其犊牛后肠道菌群研究 / 曲永利，朱焕著. -- 北京：中国农业出版社，2024.7. -- ISBN 978-7-109-32579-1

Ⅰ. S823.9

中国国家版本馆 CIP 数据核字第 2024T89F07 号

中国农业出版社出版

地址：北京市朝阳区麦子店街 18 号楼
邮编：100125
责任编辑：张艳晶
版式设计：杨　婧　　责任校对：张雯婷
印刷：北京通州皇家印刷厂
版次：2024 年 7 月第 1 版
印次：2024 年 7 月北京第 1 次印刷
发行：新华书店北京发行所
开本：720mm×960mm　1/16
印张：14.25
字数：201 千字
定价：138.00 元

版权所有·侵权必究
凡购买本社图书，如有印装质量问题，我社负责调换。
服务电话：010 - 59195115　010 - 59194918